Der Pilzführer

Der Pilzführer

Silvia Lehner

NEUER KAISER VERLAG

Hinweis
Die Angaben zu den in diesem Buch vorgestellten Pilzen erfolgen nach bestem Wissen und Kenntnisstand. Eine Garantie für die Richtigkeit der Angaben können Autorin und Verlag nicht geben. Eine Haftung für Schäden und Unfälle wird aus keinem Rechtsgrund übernommen.

Genehmigte Lizenzausgabe
NEUER KAISER VERLAG GmbH
Industriestraße 19
64407 Fränkisch-Crumbach 2018
www.neuer-kaiser-verlag.de

ISBN 978-3-8468-1032-3

Layout, Satz und Umschlaggestaltung:
design cat GmbH
Fotografie: Georg Müller

Bildnachweis:
Shutterstock: Andreas Zerndl 2–3/Dn Br 5–144/ Marnikus 13, 25, 34, 40, 48, 49, 50, 51, 53, 61, 62, 66, 67, 76, 86, 89, 91, 93, 94, 98, 99, 101, 104, 105, 107, 114, 116, 131, 136/ Vit Rejchrt Cover Front, Cover Back/VoodooDot 13, 18, 20, 23, 26, 28–33, 35, 36, 38, 39, 41–47, 52, 54–60, 63–65, 68–72, 75, 78, 81–85, 88, 90, 92, 95, 96, 100, 103, 106, 108–113, 115, 119, 122, 124–126, 128, 129, 138, 140

Inhalt

Einleitung

Freude an der Natur, Bewegung an frischer Luft, Sammelleidenschaft, Finderglück und nicht zuletzt der kulinarische Genuss – Pilzesammeln befriedigt viele Bedürfnisse. Die Kunst des Aufspürens und sicheren Bestimmens von Pilzen erfordert Sachkenntnis und ein wenig Übung. Dieses Buch hilft dem Einsteiger und Pilzfreund bei den Fragen „Wo und wann lohnt sich die Suche?“ und „Welcher Pilz ist das? Kann ich ihn essen oder ist er giftig?“

123 heimische Großpilze werden in brillanten Farbfotos vorgestellt und ihre charakteristischen Merkmale anschaulich beschrieben.

Wissenswertes über Standorte, ihren Wert als Speisepilz und Tipps für die Zubereitung erschließen dem Sammler wertvolles Know-how.

Die verschiedenen Pilze werden in ihre Arten zusammengefasst vorgestellt: Röhrlinge, Lamellenpilze, Schlauchpilze oder anderen Pilzgattungen (die Systematik ist nicht streng wissenschaftlich).

Der Pilzfreund erfährt den botanischen Namen und mindestens einen gebräuchlichen deutschen Namen der abgebildeten Pilze. Auf einen Blick sind mittels Symbolen drei wichtige Fragen geklärt: Standort, essbar, ungenießbar oder giftig und Wachstumszeit. Die Einordnung zur Giftigkeit erfolgt nach heutigem Wissensstand.

Über Geschmack lässt sich bekanntlich streiten, das gilt auch bei Pilzen, ebenso kann es individuelle Unverträglichkeiten geben. Die Angaben dazu sind daher als allgemein zu verstehen. Anfängern sei beim Pilzesammeln empfohlen, auf die Begleitung eines Pilzkundigen nicht zu verzichten oder die Funde bei einer Pilzberatungsstelle überprüfen zu lassen. Dann werden die Streifzüge durch die Natur auf der Suche nach den schmackhaftesten Pilzen zu einem spannenden und gleichzeitig entspannten Vergnügen.

Pilze finden – aber wann und wo?

Die Pilzsaison endet im Herbst – eine gängige Meinung unter wenig erfahrenen Pilzesammlern. Tatsächlich jedoch wachsen Pilze das gesamte Jahr über und auch im Winter findet der Kundige schmackhafte Pilze wie den Austernpilz, den Samtfußrübling oder das Judasohr. Die Hauptsaison unserer bekanntesten Speisepilze erstreckt sich von Juli bis Oktober. Feuchtwarme Witterung schafft ideale Bedingungen für das Wachstum von Pilzen. Fündig wird der Sammler deshalb besonders nach Gewittern, wenn die Luftfeuchtigkeit besonders hoch ist. Daneben spielt die Beschaffenheit des Bodens – sauer oder basenreich – eine entscheidende Rolle, ob und auch welche Pilze wachsen.

Doch welches sind die ergiebigsten Fundplätze?

Dazu muss man wissen, dass Pilze für ihr Wachstum kein Sonnenlicht benötigen, denn sie ernähren sich von organischen Stoffen. Der eigentliche Pilzkörper besteht aus einem ausgedehnten unterirdischen Pilzgeflecht (Myzel), das Fruchtkörper (im Volksmund Pilze) ausbildet, die Sporen tragen und so für die Vermehrung sorgen.

Den größten Artenreichtum an Großpilzen findet man in unseren Wäldern, aber auch in Wiesen, Gärten, Parkanlagen und an Wegesrändern wachsen zahlreiche Pilze.

Viele Pilze leben in Symbiose mit einer bestimmten Baumart, was häufig bereits im Namen zum Ausdruck kommt, beispielsweise beim *Birkenpilz*.

Im Folgenden werden Pflanzengesellschaften mit typischen Pilzen beschrieben.

Der saure Nadelwald mit Fichten, Tannen und Kiefern auf sandigen, wasserdurchlässigen Böden aus Granit und Sandstein ist ein guter Pilzwald. Oft sind die Böden mit Moosen, Nadelstreu, niedrigen Sträuchern und Gräsern bedeckt. Hier findet der Pilzesammler *Maronenröhrlinge, Steinpilze, Krause Glucken, Trompetenpfefferlinge*, aber auch giftige Pilze wie den *Gifthäubling*.

Der basische Nadelwald mit seinen kalkhaltigen Böden beheimatet schattenliebende Gewächse, wie zum Beispiel Orchideen. Hier fühlen sich Schleierlinge und Schnecklinge wohl. *Fichtensteinpilz, Semmelgelber Schleimkopf, Wolliger Milchling* und Giftpilze wie *Tigerritterling, Gifthäubling, Rettichhelmling* sind häufig anzutreffen.

Im sauren Laubwald mit Buchen, Eichen, Birken, Weidenarten oder Erlen auf

Granit-, Sandstein- oder Schieferböden wachsen häufig *Pfifferling, Flockenstieliger Hexenröhrling, Steinpilz, Frauentäubling, Pfeffermilchling, Rotfußröhrling, Goldblatt,* aber auch Giftpilze wie *Kiefernspeitäubling, Rettichhelmling, Grüner Knollenblätterpilz.*

Der basische Laubwald mit seinen kalkhaltigen Böden und Baumbestand aus Buchen, Eichen, Ahorn, Eschen, Hainbuchen ist bevorzugter Standort von *Breitblattrübling, Wolligem Milchling, Ziegelrotem Risspilz, Netzstieligem Hexenröhrling, Totentrompete,* sowie dem giftigen *Satanspilz* und dem *Grünen Knollenblätterpilz.*

In den Auwäldern entlang von Fluss- und Bachläufen sind viele der typischen Frühjahrspilze, vor allem *Morcheln,* beheimatet.

Auf Wiesen und Weiden findet man den *Wiesenchampignon,* viele Stäublinge, Träuschlinge und Faserlinge.

Am Wegesrand von Feldern und Wäldern stehen oft *Parasol, Stäublinge,* aber auch Giftpilze wie *Tigerritterling, Ziegelroter Risspilz* und giftige Trichterlinge.

Pilze sammeln – aber wie?

Die wichtigste Grundregel beim Pilzesammeln lautet: Nur die Pilze, die man kennt und von denen man sicher weiß, dass sie genießbar sind, dürfen gesammelt werden.

Wer sich nicht an dieses Gebot hält, riskiert schwere Vergiftungen mit Organschäden bis hin zum Tod. Ist man sich unsicher, sollte man den Pilz stehen lassen — oder mit dem fraglichen Fundstück eine Pilzberatungsstelle aufsuchen. Dabei wird der nicht eindeutig bestimmte Pilz getrennt von den essbaren Pilzen transportiert, um eine spätere Verwechslung sicher auszuschließen. Am besten werden Pilze in einem Korb gesammelt. In luftundurchlässigen Behältern oder Plastiktüten bilden sich in den wasser- und eiweißreichen Fruchtkörpern schnell Mikroorganismen, die das Eiweiß zersetzen und dabei Giftstoffe freisetzen.

Alte, durchwässerte, schimmelige oder angefaulte Pilze bleiben stehen. Sie können ebenfalls zu Vergiftungen führen.

Abschneiden oder vorsichtig herausdrehen? Das Abschneiden hat den Nachteil, dass die Stielbasis, die bei manchen Pilzen wichtige Bestimmungsmerkmale aufweist, z. B. Knollen am Stielende, im Boden zurückbleibt. Dagegen kann man Röhrlinge, Holzbewohner wie den Hallimasch oder Stockschwämme abschneiden.

Jeder Pilz, auch ein giftiger oder ungenießbarer, erfüllt eine wichtige Aufgabe im Ökosystem. Deshalb keinen Pilz zerstören.

Was steckt drin im Pilz?

Pilze sind nicht nur ein Gaumengenuss, sondern auch reich an Nährstoffen. Sie enthalten wichtige Mineralstoffe wie Kalzium und Magnesium, Spurenelemente, z. B. Mangan, Zink und Selen, sie sind reich an essenziellen Aminosäuren und verfügen über Vitamine. Darüber hinaus sind sie kalorienarm, da sie zu rund drei Vierteln aus Wasser und nur sehr wenig Fett bestehen. Das unverdauliche Chitin ist dafür verantwortlich, dass Pilze schwer verdaulich sind.

Pilze nehmen allerdings über ihr weitläufiges Wurzelgeflecht auch Schwermetalle wie Blei, Quecksilber und Cadmium auf und sie sind nach wie vor strahlenbelastet, je nach Pilzart, Bodenbeschaffenheit und Standort in unterschiedlicher Höhe. Die Deutsche Gesellschaft für Ernährung empfiehlt, den Verzehr von Wildpilzen auf 250 Gramm pro Woche zu beschränken, und rät Schwangeren, stillenden Müttern und Kleinkindern ganz zum Verzicht auf Wildpilze. Als Alternative bieten sich Zuchtpilze an.

Noch wenig erforscht in der westlichen Welt sind die Heilkräfte von Pilzen. Die chinesische Naturheilkunde schreibt etlichen Pilzen Heilkräfte zu und setzt sie bei einer Reihe von Leiden ein. Der Austernseitling z. B. ist bekannt für seine cholesterinsenkende Wirkung.

Manche Menschen reagieren allergisch auf bestimmte Pilze, der Hallimasch ist dafür bekannt.

Austernseitling

Putzen, lagern, haltbar machen, zubereiten

Am besten reinigt man die Pilze gleich am Fundort vor und befreit sie mit einem Messer vorsichtig von Nadeln, Laub, Erdresten und schleimigen Hüten. Zu Hause werden mit Küchenkrepp die letzten Schmutzreste entfernt und nur stark verschmutzte Pilze kurz unter fließendem Wasser gewaschen. Darauf achten, dass sich die Pilze nicht zu sehr mit Wasser vollsaugen.

Ideal ist es, die Pilze sofort zu verarbeiten. Richtig gelagert, d. h. flach ausgebreitet, in einem offenen Gefäß (kein Metall), können sie aber auch zwei bis drei Tage im Kühlschrank aufbewahrt werden.

Pilze können durch Trocknen haltbar gemacht werden: Die gesäuberten, in dünne Scheiben geschnittenen Pilze werden auf einem Backblech ausgebreitet und im Backofen bei Temperaturen um die 40 °C bei leicht geöffneter Tür getrocknet. Nach etwa fünf Stunden können die gedörrten Pilze in einem luftdichten Plastikbeutel oder einem Gefäß aufbewahrt werden.

Eine andere beliebte Methode ist das Einfrieren. Die sauberen, in Scheiben geschnittenen Pilze werden kurz blanchiert, in luftdichten Plastikbeuteln im Gefrierschrank schockgefroren und sind so mindestens sechs Monate haltbar. Nicht alle Pilze eignen sich zur Konservierung.

Mit Pilzen lässt sich mit wenigen Zutaten im Handumdrehen ein leckeres Gericht zaubern. Ob man die Pilze brät, dünstet oder kocht – wichtig ist, sie ausreichend lange zu erhitzen, damit sie bekömmlich sind und nicht schwer im Magen liegen. Nach 20 Minuten sind die Inhaltsstoffe in der Regel optimal aufgeschlossen.

Pilzgerichte können aufgewärmt werden. Man sollte sie jedoch nicht länger als einen Tag im Kühlschrank aufbewahren.

Was tun bei Vergiftungen?

Neben den wohlschmeckenden essbaren Pilzen gibt es eine ganze Reihe ungenießbarer, giftiger bis tödlich giftiger Pilze. Von den 4000 bis 5000 in Europa bekannten Großpilzen sind mindestens 200 als gesundheitsschädigend bekannt. Dabei wird heute vor einigen Pilzen gewarnt, die noch vor wenigen Jahren als unbedenklich galten, und es kommen durch neu gewonnene Erkenntnisse immer wieder welche hinzu. Der Grünling zählte zu den Speisepilzen, bis er 2001 als giftig eingestuft wurde, nachdem es vereinzelt nach wiederholtem Genuss zu tödlichen Vergiftungen gekommen war.

Die meisten Vergiftungsunfälle passieren durch leichtsinnigen Verstoß gegen den Grundsatz, keinen Pilz mitzunehmen, den man nicht sicher kennt. Fachleute empfehlen Anfängern, sich zunächst auf Röhrlinge zu beschränken, da es in dieser Gattung zwar giftige wie den Satanspilz, jedoch keine tödlich giftigen Pilze gibt.

Vergiftungssymptome treten kurz nach der Mahlzeit oder — weitaus gefährlicher — Stunden oder Tage danach auf. Sie äußern sich in Magenschmerzen, Übelkeit, Erbrechen, Durchfall, Schweißausbrüchen, Schwindel oder Kreislaufstörungen. Treten diese Symptome auf, ist unverzüglich ein Arzt zu verständigen.

- Pilzreste oder Erbrochenes sollte zur mikroskopischen Bestimmung der Pilzart aufbewahrt werden.
- Der/die Erkrankte sollte weder Alkohol noch Milch trinken.

Pilze erkennen und bestimmen

Eine wichtige Orientierungshilfe für die Bestimmung von Pilzen ist ihre Zuordnung zu bestimmten Gruppen:

Röhrenpilze

Z. B. Steinpilz – Fruchtschicht besteht aus ablösbaren Röhren

Lamellenpilze

Sprödblättler
(Täublinge, Milchlinge)

Faserblättler
(restliche Lamellenpilze)

Z. B. Honiggelber Hallimasch – Fruchtschicht besteht aus ablösbaren Lamellen

Nichtblätterpilze

Leistlinge

Z. B. Pfifferling – Fruchtschicht besteht aus nicht oder nur schwer ablösbaren Leisten

Schlauchpilze

Z. B. Speisemorchel – Fruchtschicht befindet sich meist auf der Oberfläche und bildet gehirn-, waben- oder becherartige Strukturen

Gallertpilze und Bauchpilze

Z. B. Judasohr – Fruchtschicht meist an der Oberfläche; Bauchpilz: Fruchtschicht innerhalb des Pilzes

Korallen-, Keulen-, Krauseartige

Z. B. Krause Glucke – Fruchtschicht befindet sich meist an der Oberfläche

Die Pilze werden in die jeweiligen Gruppen zusammengefasst. Pilze, deren Namen im Text *kursiv* gesetzt sind, werden im Buch ausführlich beschrieben.

Symbole und Fachbegriffe

Symbole für den Pilzstandort:

Laubwald — Mischwald — Wiese

Nadelwald — Baumstumpf

Symbole für den Speisewert:

essbar — giftig

ungenießbar — Erntesaison (Monate) Juni Okt

Cortina: Spinnwebartige Schutzhülle zwischen Hut und Stiel von Schleierlingen und verwandten Gattungen

Fruchtkörper: Sichtbarer, vergänglicher Teil des Pilzes, der über Sporen für Vermehrung sorgt; bei manchen Pilzen unterirdisch angelegt (z. B. bei Trüffeln)

Fruchtschicht: Sporen bildende Schicht

Hexenei: Unreifer ei- oder kugelförmiger, mit einer Gallerthülle umgebener Fruchtkörper

Hexenring: Ringförmige Anordnung von Pilzfruchtkörpern

Hülle: Lat. *velum*, Schutzhülle junger Fruchtkörper von bestimmten Blätterpilzen; bricht beim Längenwachstum auf und bleibt als Stielring, oder Saum am Hutrand oder in Form von Reststücken auf der Huthaut zurück; Gesamthülle überzieht den Jungpilz vollständig, Teilhülle schützt die Lamellen

Lamellen: Blättchen an der Hutunterseite, die die Fruchtschicht tragen; dieselbe Funktion auch bei Leisten, Röhren und Stacheln

Latenzzeit: Zeitraum vom Verzehr bis zum Auftreten erster Vergiftungssymptome

Mykorrhiza: Lebensgemeinschaft zwischen Pilzen und Wurzeln höherer Pflanzen zu beiderseitigem Vorteil

Myzel: Unterirdisches Pilzgeflecht; bildet die Fruchtkörper (umgangssprachlich Pilze) aus

Ring: Meist häutiges Gebilde am Stiel; Rest der Teilhülle

Saprophyt: Pilz, der seine Nährstoffe aus abgestorbenem organischem Material bezieht

Scheide: Lat. *volva*, häutiges Gebilde an der Stielbasis; Reste der Gesamthülle

Sporen: Mikroskopisch kleine Fortpflanzungszellen; wichtiges Bestimmungsmerkmal

Sporenpulver: Massenansammlung von Sporen

Varietät: Systematische Kategorie unterhalb der Art

Weitere wichtige Merkmale zur Bestimmung

Nachdem die Zugehörigkeit zu einer bestimmten Ordnung erkannt ist, wird die Art bestimmt. Neben dem Fundort des Pilzes (bei welchen Pflanzen steht der Pilz, worauf wächst er) werden folgende Bestimmungsschlüssel herangezogen:

Hut

Die Form des Hutes, ob rund, halbkugelig, gewölbt, ausgebreitet, trichterförmig usw. Auf Unterschiede bei jungen, reifen und alten Pilzen ist zu achten. Die Oberfläche des Hutes kann feucht, schmierig, klebrig, trocken, samtig, filzig, glatt, rissig usw. sein.

Die Hutfarbe ist kein eindeutiges Merkmal, denn sie kann durch verschiedene Einflüsse variieren.

▼ *Die gelben Poren der Ziegenlippe (li.) sind weit, um den Stiel groß und eckig. Der Elfenbeinschneckling (re.) mit dicken, weit entfernt stehenden, z. T. quer verbundenen Lamellen.*

Lamellen/Röhren/Leisten

Die Farbe von Lamellen/Röhren/Leisten bei jüngeren und älteren Pilzen ist ein wichtiges Bestimmungskriterium, ebenso ihre Dichte und Form, die Eigenschaft, ob weich, brüchig, angewachsen, am Stiel herablaufend, vor dem Stiel endend usw. An ihnen befindet sich die Sporen bildende Fruchtschicht.

◄ *Wichtiges Merkmal beim Zweifarbigen Scheidenstreifling (ob. li.) ist der geriefte Rand auf ausgebreitetem Hut. Der Hut beim jungen Lachsreizker (ob. re.) ist gewölbt, dann senkt sich die Mitte und erhält im Alter eine trichterförmige Gestalt.*

◄ *Der Glockendüngerling (u. li.) mit charakteristisch glockigem Hut. Der kegelförmige Kirschrote Saftling (u. re.) mit feuchter, klebriger Hutoberfläche.*

▼ Die Leisten des echten Pfifferlings (links) laufen am Stiel herab. Beim Pfeffermilchling (rechts) tritt Milch an verletzten Stellen aus, die beim Eintrocknen bräunliche Flecken hinterlässt.

Stiel

Die Form des Stiels, ob dünn, dick, bauchig, nach unten verjüngt usw., die Farbe und Musterung, ob mit oder ohne Ring und die Konsistenz des Stiels, ob brüchig, fest, hohl, helfen entscheidend bei der Bestimmung eines Pilzes.

Der junge Fruchtkörper bestimmter Lamellenpilze ist von einer Schutzhülle (lat. *Velum*) überzogen. Diese bricht beim Längenwachstum auf und bleibt als Stielring oder als Scheide (lat. *Volva*) in Form eines häutigen Gebildes an der Stielbasis zurück.

Ringe sind Reste der Teilhülle, die die Lamellen des jungen Pilzes schützt. Reste der Hülle können auch auf der Huthaut oder an dessen Rand zurückbleiben.

Gallenröhrling mit Netzzeichnung, an der Basis verdickt

▲ Der Perlpilz mit kräftigem, genattertem Stiel und einem häutigen Ring, dessen Oberfläche gerieft ist.

Der junge grüne Knollenblätterpilz wird anfangs von einer Schutzhülle umgeben. Wächst der Pilz, bleibt ein Rest als Scheide an der Stielbasis zurück.

Längs gefaserter Stiel: Roter Lacktrichterling

Mehlig-körniger Stiel der Käppchenmorchel

Genatterter Stiel: Grüner Knollenblätterpilz

Stiel oberhalb des Rings feinflaumig, darunter faserschuppig beim Schuppigen Träuschling

Sporenfarbe

Dazu wird der Pilzhut mit der Fruchtschicht nach unten auf weißes Papier gelegt, nach einiger Zeit sammeln sich dort die Sporen an und man kann ihre Farbe bestimmen.

▼ Mit feinen Flocken überzogener Stiel des Flockenstieligen Hexenröhrlings

◀ Beim Tintenfischpilz sitzen die in Schleim eingebetteten olivbraunen Sporen auf den „Armen".

BITTE BEACHTEN

Kein Pilzbuch kann die beim Sammeln im Lauf der Zeit erworbene Erfahrung kompensieren. Bei geringsten Zweifeln sollten Sie einen Fachmann (anerkannter Pilzberater/Pilzberatungsstelle) aufsuchen oder auf den Verzehr verzichten. Grundsätzlich sollten Pilze nie roh verzehrt werden. Der Hinweis „essbar" setzt voraus, dass der Pilz unter Hitzeeinwirkung zubereitet wird. Individuelle Unverträglichkeiten können nicht ausgeschlossen werden.

Die Stinkmorchel lockt mit ihrem Verwesungsgeruch Insekten, an deren Körper der Schleim mit den Sporen kleben bleibt. So wird für Verbreitung gesorgt.

Geruch und Geschmack

Von unauffällig über mild bis zu sehr charakteristischen Varianten. Bei Giftpilzen keine Geschmacksprobe vornehmen!

Fleisch

Die Eigenschaften des Fleisches sind zu untersuchen, wie Verfärbungen beim Anschneiden oder auf Druck, ob brüchig, zäh, weich, milchend usw.

Bei manchen Pilzen verfärbt sich das Fleisch im Anschnitt oder auf Druck in einer charakteristischen Farbe, hier beim Netzstieligen Hexenröhrling in Blau.

Andere Fruchtkörperformen

Neben den Pilzen mit Hut und Stiel gibt es zahlreiche andere Formen von Fruchtkörpern in den Gruppen der Schlauchpilze, Gallert- und Bauchpilze.

Bauchpilze wie der Beutelstäubling bilden die Sporen im Inneren des Fruchtkörpers. Bei Reife platzt die Haut und die Sporen entweichen.

Bei der Spitzmorchel befindet sich die Sporen bildende Fruchtschicht an der Innenseite der zahlreichen Waben am Hut.

Birkenpilz *Leccinum scabrum*

Juni
Okt

Merkmale

Hut ■ ø 5–12 cm, in variierenden Brauntönen von hell-, rötlich- bis dunkelbraun oder mausgrau, jung halbkugelig mit trockener Oberfläche, später polsterartig gewölbt und leicht schmierig. Haut nicht abziehbar

Röhren ■ weißlich, später gräulich, rostfleckig und unter dem Hut vorgewölbt, Druckstellen bräunlich, Sporenpulver gelbbraun

Stiel ■ schlank, lang, zum Hut hin verjüngend, mit graubraunen bis dunkelbraunen Schuppen

Fleisch ■ weiß, Anschnitt verfärbt nicht

Geruch ■ nicht ausgeprägt

Geschmack ■ nicht ausgeprägt

Im Sommer und Herbst findet man diesen Pilz häufig unter Birken. Junge Exemplare sind gute Speisepilze, die sich gut zum Kochen eignen, jedoch nicht zum Trocknen. Das Fleisch älterer Pilze wird schnell schwammig und unbrauchbar für die Verwertung. Der Birkenpilz steht unter eingeschränktem Naturschutz, sammeln sollte man ihn deshalb nur für den Eigenbedarf. Er ähnelt den Rotkappen und kann mit dem ungenießbaren Gallenröhrling verwechselt werden, der jedoch einen bauchigen, genetzten Stiel hat.

Weitere Namen: Gemeiner Birkenröhrling, Kapuzinerröhrling

Espenrotkappe

Leccinum aurantiacum/Leccinum rufum

Diese Rotkappe ist mit der Espe (Zitterpappel) vergesellschaftet und wächst im Sommer und Herbst in Grünanlagen, an Wald- und Wegrändern unter diesem Baum. Sehr schmackhafter Speisepilz. Beim Dünsten, Braten oder Trocknen wird das Fleisch schwarz. Die Espenrotkappe steht unter eingeschränktem Naturschutz. Der Sammler sollte dies berücksichtigen. Verwechslung mit anderen essbaren Rotkappen ist möglich.

Merkmale

Hut ■ ø 5–20 cm, leuchtend orangerot bis -braun, jung halbkugelig mit überhängender Huthaut, später polsterartig gewölbt, Oberfläche trocken, matt
Röhren ■ weißlich bis creme, später ocker, Druckstellen rötlich, Sporenpulver ockerbraun
Stiel ■ lang, weißlich mit weißen, später rötlich braunen Schuppen, unterer Stielbereich verfärbt sich bei Berührung oft blaugrünlich
Fleisch ■ weißlich, fest, im Schnitt grauviolett bis schwärzlich
Geruch ■ mild
Geschmack ■ mild

Juni
Okt

Butterpilz

Suillus luteus

Merkmale

Hut ■ ø 5–12 cm, dunkelbraun oder gelbbraun, halbkugelig, später polsterartig gewölbt, Oberfläche feucht schleimig, Rand anfangs durch Hüllschicht mit Stiel verbunden
Röhren ■ jung zitronengelb, dann dunkler bis schmutzig olivgelb, kleine Poren, Röhren am Stiel angewachsen, Sporenpulver olivockerbraun
Stiel ■ kurz, voll, weißlich, häutiger weißlicher, später violetter Ring, Stiel darüber braun gepunktet auf hellgelbem Untergrund
Fleisch ■ weißlich bis creme, dick, wässrig
Geruch ■ schwach obstartig
Geschmack ■ mild-säuerlich

Aug
Nov

Dieser Pilz ist im Sommer bis in den Spätherbst hinein oft in großer Anzahl im Nadel- oder Mischwald unter Kiefern zu finden. Butterpilze sind gute Speisepilze, eignen sich vor allem mit anderen als Mischpilze zum Braten. Nur bedingt geeignet zum Trocknen – junge Exemplare verwenden. Die schleimige Huthaut sollte abgezogen werden, bevor der Pilz zum restlichen Sammelgut in den Korb gelangt. Er kann gelegentlich allergische Reaktionen hervorrufen. Verwechslungen mit anderen essbaren Röhrlingen sind möglich.

Weiterer Name: Butterröhrling

Goldröhrling

Suillus grevillei

Dieser auffallend gelb leuchtende Pilz ist ein Mykorrhizapartner der Lärche. Er bildet mit ihr eine Lebensgemeinschaft. Im Sommer und Herbst tritt er an den Standorten dieses Baumes in Wäldern, Parkanlagen und auch in Gärten in Erscheinung. Jung ist dieser Schmierröhrling ein guter Speisepilz, eignet sich zum Braten, Dünsten und Trocknen. Die schleimige Huthaut sollte abgelöst werden, bevor dieser Röhrling zu den anderen Pilzen in den Korb gelegt wird. Ähnlichkeit besteht zum *Butterröhrling*.

Merkmale

Hut ■ ø 5–15 cm, leuchtend goldgelb bis goldbraun oder rotbraun, jung halbkugelig, später polsterartig gewölbt, dann ausgebreitet, Oberfläche feucht schleimig, trocken klebrig, matt glänzend, Rand etwas überhängend und häufig mit Hüllresten behangen

Röhren ■ kurz, goldgelb, später gelbbräunlich, am Stiel leicht herablaufend, Sporenpulver gelbbraun

Stiel ■ schlank, voll, gelb, schleimiger Ring, Stiel darunter rotbräunlich gefasert

Fleisch ■ weich, gelblich, wässrig

Geruch ■ schwach

Geschmack ■ mild

Juni
Okt

Goldblatt

Phylloporus rhodoxanthus (pelletieri)

Juli
Sep

Merkmale

Hut ■ ø 3–8 cm, ocker- bis rotbraun, jung gewölbt, später flacher mit nach unten gebogenem scharfem Rand, Oberfläche trocken, matt
Lamellen ■ zitronen- bis goldgelb, weit auseinanderliegende Lamellen mit Querverbindungen, am Stiel herablaufend, Sporenpulver ockergelb
Stiel ■ lang, schlank, nach unten verjüngt, gelegentlich nicht mittig im Ansatz, heller als die Hutfarbe
Fleisch ■ weich, gelblich
Geruch ■ unauffällig
Geschmack ■ mild

Ein seltener Pilz, der im Sommer und Frühherbst in Laub- und Nadelwäldern auf sandigen Böden wächst. Er ist essbar. Angesichts seines seltenen Vorkommens sollte der Pilzsammler ihn jedoch am besten nicht mitnehmen. Das Goldblatt, eine Übergangsform zwischen Röhren- und Blätterpilz, wird trotz seiner Lamellen den Röhrlingen zugeordnet. In unseren Breiten ist diese Art einzigartig.
Weiterer Name: Europäisches Goldblatt

Netzstieliger Hexenröhrling *Boletus luridus*

Dieser Röhrling tritt im Sommer und Herbst häufig in Laub- und Nadelwäldern oder Parkalleen in Erscheinung und wächst einzeln oder in kleinen Ansammlungen vorzugsweise auf kalkhaltigen Böden. Er gilt als Speisepilz. Bei der Zubereitung ist besonders auf ausreichend lange und starke Erhitzung zu achten, um Unverträglichkeiten zu vermeiden. Nicht jedem bekommt der Genuss dieses Pilzes gleich gut. Verwechselt werden könnte er mit dem *Flockenstieligen Hexenröhrling.*

Merkmale

Hut ■ ø 5–20 cm, gelb- bis olivbraun oder orangebraun, jung halbkugelig, später flach polsterartig gewölbt, Oberfläche matt samtig, klebrig bei Nässe

Röhren ■ rot, nach innen zu olivgelb, kleine Poren, Druckstellen verfärben sich dunkelblau, Sporenpulver olivgrün

Stiel ■ jung bauchig, dann gestreckter, im oberen Teil auf gelbem Grund rotbraunes Netzmuster, an der Basis weinrot bis purpurn, Druckstellen schwach blau

Fleisch ■ dick, fest, gelb, Anschnitt schwach blau verfärbend

Geruch ■ unauffällig

Geschmack ■ mild

Juni
Okt

Flockenstieliger Hexenröhrling *Boletus erytrophus*

Juni – Okt

Merkmale

Hut ■ ø 5–20 cm, dunkelbraun, jung halbkugelig, später polsterartig gewölbt, Oberfläche matt samtig, klebrig bei Nässe, Huthaut nicht abziehbar

Röhren ■ rot, nach innen zu olivgelb, zum Hutrand hin oft heller, kleine Poren, Druckstellen verfärben sich dunkelblau, Sporenpulver olivgrün

Stiel ■ jung dickbäuchig, dann gestreckter, auf gelbem Grund rotflockig, Druckstellen dunkelblau

Fleisch ■ dick, fest, gelb, im Anschnitt dunkelblau verfärbend

Geruch ■ unauffällig

Geschmack ■ unauffällig

Im Frühsommer bis Herbst kann der Sammler diesen Pilz einzeln oder in kleinen Gruppen in Nadel- und Laubwäldern mit sauren, kalkarmen Böden finden. Bevorzugte Standorte sind Rotbuchen, Eichen und Fichten. Er ist ein guter Speisepilz mit festem Fleisch, vergleichbar dem Steinpilz. Im Rohzustand kann er zu Vergiftungserscheinungen führen. Deshalb diesen Röhrling stets gut durchbraten und ausreichend erhitzen. Dabei wechselt die Blaufärbung in ein helles Gelb. Verwechslung mit dem *Netzstieligen Hexenröhrling* möglich.

Satanspilz

Boletus satanas

Einer der wenigen giftigen Röhrlinge wächst im Sommer und Frühherbst auf kalkhaltigem Boden im Laubwald. Einzeln oder in kleinen Gruppen steht er unter Eichen oder Rotbuchen. Der Pilz verursacht bei Verzehr heftige Magen- und Darmstörungen, die nach einer Latenzzeit von 2 – 3 Stunden auftreten und 2 Tage andauern können. Er kommt nur noch selten vor, gehört zu den stark gefährdeten Arten. Verwechslung mit den Hexenröhrlingen und dem Schönfußröhrling möglich. *Weiterer Name:* Satansröhrling

Merkmale

Hut ■ ø 8–25 cm, silber- bis steingrau oder olivgrau, an Schneckenfraßstellen gelb bis rötlich, jung halbkugelig, dann flacher gewölbt, Oberfläche glatt bis leicht glänzend
Röhren ■ rot, gelbrot, im Alter olivgelblich, Druckstellen leicht blau, Sporenpulver olivbraun
Stiel ■ bauchig, im oberen Teil ocker, dann karmin-himbeerrote Netzzeichnung, Druckstellen leicht blau.
Fleisch ■ hellgelb, fest, im Anschnitt blau
Geruch ■ im Alter widerlich, aasartig

Juli
Okt

Steinpilz

Boletus edulis

Juli
Okt

Merkmale

Hut ■ ø 5–20 cm, hell- bis dunkelbraun, jung halbkugelig, dann polsterartig bis flach gewölbt, Oberfläche trocken feinfilzig, matt, samtartig, feucht und im Alter etwas schmierig, leicht uneben
Röhren ■ jung weiß, dann gelblich bis olivgrün, Druckstellen nicht verfärbend, feine Poren, Sporenpulver olivbraun
Stiel ■ bauchig mit meist runder Basis, weiß bis helles Braun, braunfaserig, im oberen Teil weißliche Netzzeichnung
Fleisch ■ jung fest, dann weicher, weißlich marmoriert
Geruch ■ angenehm
Geschmack ■ leicht nussartig

Hauptsächlich unter Fichten, aber auch unter anderen Nadelbäumen im Nadel- und Mischwald trifft man im Sommer und Herbst auf diesen begehrten Pilz. Er liebt sowohl saure als auch kalkhaltige Böden. Wie alle seine Verwandten ist er ein ausgezeichneter Speisepilz, geeignet für alle Zubereitungsarten. Da der Steinpilz zu den eingeschränkt geschützten Großpilzen gehört, sollte dies beim Sammeln berücksichtigt werden. Verwechslung mit dem ungenießbaren Gallenröhrling möglich.

Weitere Namen: Fichtensteinpilz, Herrenpilz

Schwarzer Steinpilz

Boletus aerus

Dieser Steinpilz wächst im Sommer und Herbst im Laubwald, insbesondere unter Eichen und Edelkastanien. Er ist, wie alle Steinpilze, ein hervorragender Speisepilz. Bedingt durch Umwelteinflüsse ist dieser Pilz immer seltener anzutreffen. Er sollte deshalb geschont werden. Verwechslungsgefahr mit dem ungenießbaren Gallenröhrling, dessen Fleisch bitter schmeckt. Die Röhren des reifen Pilzes sind rosa, die Netzzeichnung ist auffälliger ausgeprägt als bei den Steinpilzen. *Weiterer Name:* Schwarzhütiger Steinpilz

Merkmale

Hut ■ ø 5–20 cm, graubraun bis schwarzbraun, jung halbkugelig, dann gewölbt, Oberfläche trocken feinfilzig, matt
Röhren ■ weißlich, dann gelblich bis olivgrün, am Stiel ausgebuchtet, Druckstellen oft rostfarben, Sporenpulver gelbbräunlich
Stiel ■ bauchig, ocker bis braun mit brauner Netzzeichnung in der oberen Hälfte
Fleisch ■ weiß, fest, im Anschnitt kaum bis rötlich verfärbend
Geruch ■ angenehm
Geschmack ■ nussartig

Juni
Okt

Sommersteinpilz *Boletus aestivalis*

Merkmale

Hut ■ ø 5–25 cm, helles bis mittleres Braun, jung halbkugelig, dann polsterartig bis flacher gewölbt, Oberfläche trocken feinfilzig bis schorfig, matt, feucht und im Alter etwas schmierig
Röhren ■ jung weiß, dann gelblich bis grüngelblich, enge Poren, am Stiel ausgebuchtet angewachsen, Druckstellen nicht verfärbend, Sporenpulver olivocker
Stiel ■ bauchig, Basis verjüngt, helles Braun, im oberen Teil weißliche, nach unten hin zunehmend bräunlichere Netzzeichnung
Fleisch ■ fest, weiß
Geruch ■ unauffällig
Geschmack ■ mild nussartig

Mai – Aug

Diesen Steinpilz findet der Sammler im Laubwald oder gelegentlich in Parkanlagen unter Eichen und Buchen. Er wächst im Sommer und erscheint meist ein paar Wochen früher als seine Verwandten. Er ist ein hervorragender Speisepilz und eignet sich, wie alle Steinpilze, für jegliche Zubereitungsart. Verwechslung mit dem ungenießbaren Gallenröhrling möglich.
Weitere Namen: Eichensteinpilz

Maronenröhrling

Xerocomus badius

Dieser beliebte und häufige Röhrling wächst von Sommer bis Spätherbst in Nadelwäldern meist unter Fichten und Kiefern, seltener in Laubwäldern. Ein sehr guter Speisepilz, der sich für alle Zubereitungsarten eignet. Sein Aroma ist dem von Steinpilzen ähnlich. Getrocknet ergibt er eine feine Würze für Soßen und Suppen. Es gibt individuelle Unverträglichkeiten. Er könnte mit Steinpilzen oder ähnlichen Röhrlingen verwechselt werden.

Weitere Namen: Braunhäuptchen, Marienpilz, Tannenpilz

Merkmale

Hut ■ ø 5–12 cm, kastanien- bis rotbraun, jung halbkugelig, dann polsterartig gewölbt bis flach, Oberfläche trocken feinfilzig, matt, feucht etwas schmierig

Röhren ■ blassgelb, dann olivgelb bis olivgrün, große, eckige Poren, Druckstellen blaugrün, am Stiel angewachsen, Sporenpulver olivbraun

Stiel ■ fest, keulig, dann schlank, auf gelbem Untergrund bräunliche Längsfasern

Fleisch ■ jung fest, dann weich, weißlich oder gelblich, im Anschnitt schwach blau

Geruch ■ schwach obstartig

Geschmack ■ mild

Juli
Nov

Parasitischer Röhrling

Xerocomus parasiticus

Merkmale

Hut ■ ø 2–6 cm, gelb-, ocker-, olivbraun, jung halbkugelig, später polsterartig gewölbt, Oberfläche matt, oft rissig
Röhren ■ zitronengelb, später bräunlich gelb, am Stiel herablaufend, eckige, weite Poren, Sporenpulver olivbräunlich
Stiel ■ breit, nach unten verjüngend, oft gebogen, gelbbraun, längsfaserig
Fleisch ■ dick, zitronengelb
Geruch ■ unauffällig
Geschmack ■ unauffällig

Aug
Okt

Er taucht im Sommer und Herbst auf. Dieser kleine Röhrling lebt als Schmarotzer meist mit mehreren Exemplaren auf den Fruchtkörpern des Kartoffelbovists. Er ist kaum genießbar, daher als Speisepilz nicht zu empfehlen. Die Gifte des Kartoffelbovists nimmt der Parasit jedoch nicht auf, er ist daher nicht giftig. Eine Verwechslung ist angesichts des Wirtes sehr unwahrscheinlich.

Weiterer Name: Schmarotzerröhrling

Rotfußröhrling

Xerocomus chrysenteron

Der Pilz ist im Sommer bis Spätherbst häufig in Laub- und in Nadelwäldern, auch auf sauren Waldwiesen, zu finden. Er hat keine besonderen Ansprüche an den Boden, wächst in Gruppen oder alleine. Dieser Röhrling eignet sich nur jung als Speisepilz. Er kann gebraten, gedünstet oder getrocknet werden, wird beim Kochen allerdings leicht schleimig. Vorsicht, der Pilz ist nicht selten von Goldschimmel befallen. Verwechslung mit der essbaren *Ziegenlippe* möglich. *Weiterer Name:* Rotfüßchen

Merkmale

Hut ■ ø 3–7 cm, variierende Brauntöne, oft gelb, oliv oder rötlich getönt, an Schneckenfraßstellen oder Rissen rosarot, jung halbkugelig, dann polsterartig bis flacher gewölbt, Oberfläche feinfilzig, samtig
Röhren ■ blassgelb, dann olivgrün, Druckstellen blaugrün, große, eckige Poren, vom Fleisch ablösbar, Sporenpulver olivbraun
Stiel ■ schlank, oft gebogen, oben gelb, nach unten zu rötlich bis rot gefärbt, längsfaserig
Fleisch ■ weich, gelblich, unter Huthaut rötlich, im Anschnitt meist schwach blau
Geruch ■ schwach obstartig
Geschmack ■ mild-säuerlich

Aug
Nov

Ziegenlippe

Xerocomus subtomentosus

Juli
Okt

Merkmale

Hut ■ ø 3–10 cm, olivgelb bis graubraun, jung halbkugelig, später polsterartig bis flach gewölbt, Oberfläche feinfilzig, matt
Röhren ■ leuchtend gelb, später grünlich gelb, ausgebuchtet angewachsen, Poren eckig weit, Sporenpulver olivbraun
Stiel ■ schlank, oft gebogen, nach unten verjüngt, ähnlich wie Hut gefärbt mit feinen bräunlichen Längsfasern und Flocken
Fleisch ■ weißlich, im Stiel hellgelb, fest, im Anschnitt nicht oder nur schwach blau
Geruch ■ schwach obstartig
Geschmack ■ mild

Einzeln oder zu wenigen Exemplaren gruppiert wächst dieser Röhrling von Sommer bis in den Herbst hinein im Laub- und Nadelwald. Er ist ein Speisepilz und jung gut als Mischpilz und zum Trocknen zu verwenden. Allerdings neigt er zu Befall mit Goldschimmel. Deshalb vor dem Sammeln gründlich prüfen, um Vergiftungen durch verschimmelte Exemplare zu vermeiden. Könnte mit dem *Rotfußröhrling* verwechselt werden.
Weiterer Name: Filziger Röhrling

Strubbelkopfröhrling *Strobilomyces strobilaceus*

Ein Röhrling mit unverwechselbarem Erscheinungsbild. Im Sommer und Herbst kann der Sammler diesen Pilz im Laub- und Nadelwald vorzugsweise auf sauren, trockenen Böden finden. Er wächst entweder einzeln oder in Gruppen. Als Speisepilz eignet er sich nicht wegen seines bitteren Geschmacks. Verwechslungen sind kaum möglich. In unseren Breiten ist diese Art einzigartig.
Weiterer Name: Schwarzer Schuppenröhrling

Merkmale

Hut ■ ø 5–10 cm, auf weißem bis graubräunlichem Untergrund schwarzbraune abstehende Schuppen, jung halbkugelig, dann gewölbt, Rand und Stiel jung mit wolligem Schleier verbunden, Hüllreste später am Rand
Röhren ■ grau, dann oliv- bis aschgrau, große Poren, Druckstellen braun bis schwarz, Sporenpulver braun
Stiel ■ schlank, oft gebogen, graue bis schwärzliche Längsfasern und Flocken,vergängliche watteartige Ringzone
Fleisch ■ weißlich, im Anschnitt bräunlich rosa, dann schwärzlich verfärbend
Geruch ■ unangenehm

Juli
Okt

Kahler Krempling

Paxillus involutus

Merkmale

Juli – Okt

Hut ■ ø 4–12 cm, ocker- bis zimt- oder olivbraun, jung bucklig, später flacher mit gesenkter Mitte, Rand eingerollt, Oberfläche trocken filzig, feucht schmierig, Druckstellen braun

Lamellen ■ ockergelb, dünn, eng stehend, am Stiel herablaufend, leicht vom Hut abzulösen, Druckstellen braun, Sporenpulver rostbraun

Stiel ■ nach unten zu verjüngt, etwas heller als der Hut, Druckstellen braun

Fleisch ■ fest, gelblich, im Anschnitt braun

Geruch ■ würzig, säuerlich

Im Sommer und Herbst findet man diesen Pilz sehr häufig in Laub- und Nadelwäldern, Parkanlagen und auch in Gärten. Er galt früher, ausreichend lange gekocht, als essbar. Inzwischen ist bekannt, dass es nach dem Verzehr des Kremplings gelegentlich zu einer Bildung von Antikörpern kommt, die zu Blutauflösung (Hämolyse) führen. Roh verursacht er Brechdurchfälle. Verwechslung mit braunen Milchlingen möglich, die sich durch ihre Milchabsonderung unterscheiden.

Weiterer Name: Empfindlicher Krempling

Samtfußkrempling

Paxillus atrotomentosus

Dieser Krempling wächst im Sommer bis in den Herbst hinein als Einzelexemplar oder zu mehreren verwachsen an morschen Stümpfen oder Wurzeln von Nadelbäumen. Er ist ungenießbar, sein Fleisch zäh und bitter. Darüber hinaus steht er wie alle anderen Kremplinge im Verdacht, die Bildung von Antikörpern auszulösen (vgl. *Kahler Krempling*). Dieser Pilz ist angesichts seiner charakteristischen Merkmale an Stiel und Hut sowie bei Beachtung des typischen Standortes nicht leicht verwechselbar.

Merkmale

Hut ■ ø 8–20 cm, oliv- bis rotbraun, jung gewölbt, später flacher, muschelförmig mit eingerolltem Rand, Oberfläche samtig
Lamellen ■ hell- bis ockergelb, eng stehend, am Stiel herablaufend und oft gegabelt, leicht vom Hut abzulösen, Druckstellen langsam braun, Sporenpulver lehmbraun
Stiel ■ kurz, dick, dunkelbraun bis schwarz, samtig filzig, oft seitlich sitzend
Fleisch ■ weich, gelblich
Geruch ■ säuerlich

Juni
Okt

Falscher Pfifferling

Hygrophoropsis aurantica

Merkmale

Sept
Nov

Hut ■ ø 2–6 cm, orange bis orangebraun, oft im Zentrum dunkler, flach gewölbt mit eingerolltem Rand, trichterförmige Vertiefung in der Mitte, Oberfläche trocken, feinfilzig
Lamellen ■ dottergelb bis orange, eng stehend, gegabelt, am Stiel herablaufend, Sporenpulver weiß
Stiel ■ lang, dünn, nach unten verjüngt, wie Hut gefärbt
Fleisch ■ dünn, weich, zäh
Geruch ■ unauffällig

In Nadel- und Laubwäldern begegnet der Sammler im Herbst häufig diesem Pilz. Er wächst in Ansammlungen auf Holz, Baumstümpfen und auf der Erde. Kein Giftpilz, aber als Speisepilz nicht zu empfehlen, da er bei empfindlichen Personen leichte Magen-Darm-Störungen hervorrufen kann. Zum *echten Pfifferling* besteht trotz der großen Ähnlichkeit im Aussehen keine Verwandtschaft. Sein Fleisch und Stiel sind dünner als beim essbaren Pfifferling.

Weiterer Name: Falscher Eierschwamm

Wiesenchampignon *Agaricus campestris*

Wohl einer der bekanntesten Speisepilze wächst im Sommer und Herbst auf Wiesen und Weiden. Häufig kann man ihn in Scharen finden. Bisweilen bildet er Hexenringe. Die Wildpilze sind aromatischer als die kultivierten Pilze, beide können auf jegliche Art zubereitet und haltbar gemacht werden. Verwechslungen mit dem giftigen *Karbolchampignon* sowie mit den hochgiftigen Knollenblätterpilzen sind möglich.
Weiterer Name: Feldegerling

Merkmale

Hut ■ ø 3–10 cm, weiß, alt bräunlich, Oberfläche glatt, faserig, jung halbkugelig geschlossen, später gewölbt, dann flach, bei Druck nicht gelb färbend, Haut am Rand überstehend und abziehbar
Lamellen ■ eng stehend, rosa, später schokoladenbraun, nicht am Stiel angewachsen, Sporenpulver schokoladenbraun
Stiel ■ kräftig, wie Hut gefärbt, leicht faserig, kleiner Ring
Fleisch ■ dick, weiß, im Anschnitt schwach rosa färbend
Geruch ■ pilzig
Geschmack ■ angenehm

Juni
Okt

Wald-Anischampignon *Agaricus silvicola*

Juli
Nov

Merkmale

Hut ■ ø 5–10 cm, creme, Oberfläche matt, jung halbkugelig geschlossen, später gewölbt, dann flach, bei Druck gelb färbend
Lamellen ■ eng stehend, von hellem Grau über graurosa zu schokoladenbraun, nicht am Stiel angewachsen, Sporenpulver schokoladenbraun
Stiel ■ lang, schlank, wie Hut gefärbt, mit knollig verdickter Basis, großer, hängender, vergänglicher Ring, darunter feinflaumig, bei Druck gelb färbend
Fleisch ■ weiß, im Anschnitt langsam gelb färbend
Geruch ■ mandelartig
Geschmack ■ mandelartig

Laub- und Nadelwälder sind die Standorte dieses Anisegerlings. Häufig wird der Sammler in der Nadelstreu unter Fichten fündig. Die Pilze stehen gesellig oder einzeln, mitunter bilden sie auch Hexenringe. Wie der *Schafchampignon* sind sie gute, aromatische Speisepilze und eignen sich für alle Zubereitungs- und Konservierungsarten. Verwechslungen mit Giftpilzen – dem *Weißen Knollenblätterpilz*, dem Kegelhütigen Knollenblätterpilz oder dem *Karbolchampignon* – sind möglich, insbesondere bei jüngeren Exemplaren ist große Vorsicht geboten.
Weiterer Name: Dünnfleischiger Anisegerling

Riesenchampignon

Agaricus augustus

Nadel- und Laubwälder, Parkanlagen oder Wegränder sind die Domäne dieses auffallend großen Pilzes. Im Sommer und Herbst findet man ihn dort einzeln oder in Gruppen. Ein ergiebiger Speisepilz, den man gut mit anderen Pilzen kombinieren kann. Nur jüngere Pilze verwenden, das Fleisch wird im Alter zäh. Beim Kochen verflüchtigt sich der Anisgeschmack. Von anderen Egerlingen unterscheidet sich der Riesenchampignon durch seine Größe.

Merkmale

Hut ■ ø 10–25 cm, gelb, ocker bis ockerbraun, jung kugelig geschlossen, dann gewölbt bis abgeflacht, Oberfläche mit konzentrisch angeordneten braunen Schuppen, bei Druck Gelbfärbung, gebogener Rand mit Hüllresten
Lamellen ■ eng stehend, weißlich bis beigerosa, später dunkel- bis schwarzbraun, nicht am Stiel angewachsen, Sporenpulver dunkelbraun
Stiel ■ lang, schlank, weißlich bis creme mit verdickter Basis, herabhängender, großer Ring, darunter gelblich geflockt
Fleisch ■ weiß, bei Berührung gelb färbend
Geruch ■ anisartig
Geschmack ■ würzig

Aug
Okt

Karbolchampignon

Agaricus xanthoderma

Juni – Okt

Merkmale

Hut ■ ø 5–12 cm, weiß, grauweißlich glatt, jung halbkugelig mit flachem Scheitel, später gewölbt und abgeflacht, bei Druck vorübergehende Gelbfärbung
Lamellen ■ eng stehend, rosa, später dunkelbraun, nicht am Stiel angewachsen, Sporenpulver dunkelbraun
Stiel ■ lang, schlank, wie Hut gefärbt, mit verdickter Basis, dicker Ring, darunter gelbbraun geschuppt, an der Basis besonders intensiv gelb färbend
Fleisch ■ weiß, bei Berührung gelb färbend
Geruch ■ nach Erhitzen oder Reiben ähnlich wie Tinte

Wiesen, Gebüsche, Parkanlagen, Gärten sind bevorzugte Standorte dieses giftigen Champignons. Er wächst einzeln, gesellig oder in Hexenringen. Nach dem Verzehr kommt es nach 2 – 4 Stunden zu heftigem Erbrechen, Bauchkrämpfen und Durchfall. Wegen der Gelbfärbung und seines charakteristisch widerlichen Geruchs nach Tinte beim Erhitzen oder Reiben sollte es trotz ähnlichem Äußeren nicht zu Verwechslungen mit essbaren Champignons kommen.

Weiterer Name: Tintenegerling

Schafchampignon *Agaricus arvensis*

Ein naher Verwandter des Riesenchampignons, den man im Sommer und Herbst, meist zu Hexenringen formiert, an grasigen Standorten wie Wiesen, Weiden, Gärten findet. Ein ausgezeichneter, aromatischer Speisepilz, geeignet für alle Zubereitungs- und Konservierungsarten. Verwechslungen mit Giftpilzen – dem *Weißen Knollenblätterpilz*, dem Kegelhütigen Knollenblätterpilz oder dem *Karbolchampignon* – sind möglich, insbesondere bei jüngeren Exemplaren.

Weiterer Name: Weißer Anisegerling

Merkmale

Hut ■ ø 5–15 cm, weiß, alt ockergelb, Oberfläche matt glänzend, jung halbkugelig geschlossen, später gewölbt, dann flach, auf Druck gelb färbend

Lamellen ■ eng stehend, von hellem Grau über graurosa zu dunkelbraun, nicht am Stiel angewachsen, Sporenpulver dunkelbraun

Stiel ■ lang, schlank, wie Hut gefärbt, mit verdickter Basis, herabhängender, zweischichtiger Ring, geschuppt

Fleisch ■ weiß, im Anschnitt gelb färbend

Geruch ■ nach Mandeln

Geschmack ■ nach Mandeln

Juni
Okt

Blutchampignon *Agaricus langei*

Juli
Okt

Merkmale

Hut ■ ø 5–15 cm, bräunlich, Oberfläche mit braunen bis dunkelbraunen anliegenden Schuppen, jung halbkugelig bis glockenförmig, später ausgebreitet mit flachem Buckel, am Rand oft Hüllreste
Lamellen ■ eng, jung graurosa, dann dunkelbraun, am Stiel ausgebuchtet angewachsen, Sporenpulver dunkelbraun
Stiel ■ kräftig, an der Basis etwas verdickt, weißlich, bei Berührung rötend, ausgeprägter, großer Ring
Fleisch ■ weißlich, im Schnitt schnell rötend.
Geruch ■ angenehm
Geschmack ■ mild

Er wächst ausschließlich auf Kalkböden in Nadel- und Mischwäldern. Dieser aromatischer Speisepilz wird häufig mit dem Großen Waldchampignon (Agaricus haemorrhoidarius) gleichgesetzt, bildet aber eine eigene Art. Vom Kleinen Blutchampignon unterscheidet er sich durch kräftigeres Erscheinungsbild und Sporengröße. Verwechslungen mit dem giftigen Perlhuhnegerling, der sich durch widerlichen Tintengeruch und Gelbfärbung des Fleisches im Anschnitt unterscheidet. Ähnlich ist der essbare *Safranschirmling*.
Weiterer Name: Großsporiger Blutegerling

Stinkender Mehlschirmling *Cystolepiota bucknallii*

Auf diesen farblich ungewöhnlichen Pilz trifft der Sammler eher selten in seinen Lebensräumen, den Laubwäldern und Wegrändern. Der unangenehme Geruch des geselligen Pilzes signalisiert bereits, dass er keinen Speisewert besitzt. Unter den Schirmlingen gibt es nur wenige Speisepilze, in der Mehrzahl sind sie ungenießbar. Einige sind giftig. Mehlschirmlinge sehen durch einen feinen Belag auf dem Hut wie mit Puderzucker bestäubt aus.

Weiterer Name: Violettlicher Mehlschirmling

Merkmale

Hut ■ ø 1–3 cm, blasslila bis violett, jung glockig, dann gewölbt, später flach, Oberfläche matt, pudrig-grießig, Rand jung mit Hüllresten
Lamellen ■ eng stehend, cremeweiß, am Stiel frei, Sporenpulver weiß
Stiel ■ lang, schlank, wie Hut gefärbt, pudrig, vergänglicher Ring
Fleisch ■ weiß
Geruch ■ widerlich schwefelartig

Aug
Okt

Parasol *Macrolepiota procera*

Juli
Okt

Merkmale

Hut ■ ø 10–30 cm und größer, hellbraun, Oberfläche mit abstehenden Schuppen um dunkelbraune glatte Mitte, jung eiförmig geschlossen, dann gewölbt, später ausgebreitet mit Buckel
Lamellen ■ eng stehend, weiß bis creme, am Stiel nicht angewachsen, Sporenpulver weiß bis blassrosa
Stiel ■ lang, schlank, hellbraun, dunkler genattert, großer, doppelter, verschiebbarer Ring, hohl
Fleisch ■ weiß, weich im Hut
Geruch ■ nussig
Geschmack ■ nussig

Diesen stattlichen Pilz findet der Pilzfreund in lichten Wäldern, besonders im Laubwald unter Buchen, Büschen, auf trockenen Grasflächen und in Parkanlagen. Ein beliebter Speisepilz, der traditionell paniert und in der Pfanne gebraten wird, darüber hinaus aber auf vielfältige Art zubereitet werden kann. Wichtig ist ausreichend langes Erhitzen, da der Parasol wie viele andere Pilze ansonsten Magen-Darm-Probleme verursachen könnte. Verwechslung mit dem giftigen Spitzschuppigen Stachelschirmling, der sich durch hängenden, häutigen Ring und widerlichen Geruch unterscheidet.
Weiterer Name: Riesenschirmpilz

Safran-Riesenschirmling *Macrolepiota rachodes*

Meistens in Nadelwäldern oder auch in Parkanlagen und Gärten findet man diesen kleineren Verwandten des Parasolpilzes. Oft wächst er auch gesellig. Ein aromatischer Speisepilz, den man panieren oder als Mischpilz verwenden kann, der sich auch gut einfrieren lässt. Stiele sind oft holzig und unbrauchbar. Wichtig ist, den Pilz gut durchzubraten bzw. ausreichend lange zu erhitzen. Verwechslung mit dem giftigen Spitzschuppigen Stachelschirmling möglich, der sich vor allem durch fehlende Rotfärbung des Fleisches unterscheidet.

Weiterer Name: Rötender Schirmling

Merkmale

Hut ■ ø 8–15 cm, braun, graubraun, Oberfläche mit breiten, an den Spitzen aufspringenden watteartig-faserigen Schuppen, konzentrisch um den glatten Scheitel angeordnet, jung halbkugelig bis kegelförmig, dann flach gewölbt

Lamellen ■ eng stehend, weiß, bei Berührung rötend, am Stiel nicht angewachsen, Sporenpulver weiß

Stiel ■ lang, schlank, weißlich bis bräunlich, faserig, an der Basis verdickt bis knollig, doppelter verschiebbarer weißer bis grauer Ring, bei Verletzung karottenrot

Fleisch ■ weiß, im Anschnitt schnell karottenrot färbend

Geruch ■ kräftig

Geschmack ■ pilzig

Juli
Nov

Stinkschirmling *Lepiota cristata*

Juli – Okt

Merkmale

Hut ■ ø 1–4 cm, weißlich, Oberfläche rostbraun geschuppt, jung glockig-kegelförmig, später gewölbt mit flachem rötlich braunem Buckel
Lamellen ■ eng stehend, weiß, später gelblich, rostfleckig, am Stiel nicht angewachsen, Sporenpulver weiß
Stiel ■ lang, schlank, weißlich bis schwach fleischfarben, weißer, aufsteigender, vergänglicher Ring
Fleisch ■ weiß
Geruch ■ widerlich

Diesen Schirmling kann der Sammler häufig in Laub- und Nadelwäldern sowie auch an Straßen- oder Wegrändern finden. Meist steht er dort in kleineren Ansammlungen im Gras. Wie bereits sein Name vermuten lässt, geht von ihm ein widerlicher stechender Geruch aus. Er ist ungenießbar. Äußerlich besteht Ähnlichkeit zu anderen Schirmlingen.
Weiterer Name: Kammschirmling

Grauer Wulstling

Amanita excelsa

Unter Fichten und Buchen in Laub- und Nadelwäldern oder in Parkanlagen und Gärten erscheint dieser Wulstling im Sommer und Herbst an der Oberfläche. Er steht einzeln oder in Gruppen. Grundsätzlich nach Abkochen genießbar, wird dennoch sicherheitshalber vom Verzehr abgeraten, da er nur von erfahrenen Pilzsammlern sicher von dem äußerst giftigen *Pantherpilz* zu unterscheiden ist. Zahlreiche Vergiftungsfälle gehen auf das Konto dieser Verwechslung.
Weiterer Name: Gedrungener Wulstling

Merkmale

Hut ■ ø 5–15 cm, verschiedene Grautöne von silber bis anthrazit, graubraun oder ockergrau, Oberfläche mit grauweißen Hüllresten, jung halbkugelig, dann flacher gewölbt bis ausgebreitet
Lamellen ■ eng stehend, weiß, am Stiel nicht angewachsen, Sporenpulver weiß
Stiel ■ nach oben verjüngt, weißlich oder graubraun, an der knollenförmigen Basis graubraun geflockt, mit hängendem, gerieftem Ring im oberen Stieldrittel
Fleisch ■ weiß, weich
Geruch ■ dumpf, leicht rettichartig

Juni
Okt

Grüner Knollenblätterpilz *Amanita phalloides*

Juli – Okt

Merkmale

Hut ■ ø 5–12 cm, olivgelb bis -grün oder bräunlich oliv, lindgrün, am Rand heller, jung halbkugelig, anfangs vollständig von weißer Hülle umgeben, bald ausgebreitet, Oberfläche radial gefasert, selten mit Hüllresten, Haut abziehbar, feucht klebrig
Lamellen ■ eng stehend, weiß, weich, nicht am Stiel angewachsen, Sporenpulver weiß
Stiel ■ lang, schlank, weißlich bis grünlich, graugrün genattert, nach oben verjüngt, herabhängender, geriefter Ring, an der Basis mit Knolle in weißer Scheide
Fleisch ■ weiß, weich
Geruch ■ aufdringlich süßlich

In Laub- und Mischwäldern, aber auch in Gärten unter Eichen und Buchen, einzeln oder gesellig, wächst der giftigste Pilz Mitteleuropas. Bereits kleinste Mengen führen zu lebensbedrohlichen Vergiftungen. 10 verschiedene Gifte sind wirksam und führen nach einigen Stunden zu Erbrechen, Koliken, Krämpfen, Kreislaufzusammenbrüchen und nach Tagen zu schwersten Leber-, Nieren-, Herzmuskelschäden und häufig zum Tod. Wird verwechselt mit Champignons, grünen Täublingen und Ritterlingen. *Weiterer Name:* Grüner Giftwulstling

Weißer Knollenblätterpilz

Amanita phalloides var. alba

Bei diesem Pilz handelt es sich um die weiße Variante des *Grünen Knollenblätterpilzes*. Ihm fehlen die Farbpigmente. Ansonsten sind die Merkmale identisch.

Juli
Okt

Gelber Knollenblätterpilz

Amanita citrina

Juli
Nov

Merkmale

Hut ■ ø 4–10 cm, blassgelb, ockergelb oder grünlich gelb, jung halbkugelig, dann flacher gewölbt, Oberfläche kahl oder mit bräunlichen Resten der Hülle
Lamellen ■ eng stehend, weißlich, weich, nicht am Stiel angewachsen, Sporenpulver weiß
Stiel ■ schlank, weißlich bis gelblich, gefasert oder schwach genattert, nach oben verjüngt, herabhängender Ring, an der Basis deutlich umrandete Knolle, seltener mit Scheide
Fleisch ■ weißlich, weich
Geruch ■ erst rettich-, dann kartoffelartig.

Im Sommer und Herbst tritt dieser Knollenblätterpilz in Laub- und Nadelwäldern häufig unter Kiefern in Erscheinung. Einzeln oder gesellig steht er vorzugsweise auf sauren Böden. Er ist schwach giftig. Verwechslung mit dem hochgiftigen *Grünen Knollenblätterpilz* ist möglich. Es gibt auch eine weiße Varietät. Zu beachten ist: weiße Lamellen + Knollen in lappiger Scheide = Finger weg!
Weiterer Name: Gelblicher Wulstling

Pantherpilz

Amanita pantherina

Der hochgiftige Pilz wächst im Sommer und Frühherbst in Laub- und Nadelwäldern, vor allem auf kalkhaltigen Böden. Er steht als Einzelexemplar oder gesellig. Eine Vergiftung mit diesem Pilz kann zu schweren Krampfanfällen und Bewusstlosigkeit führen. Die Symptome setzen 1–4 Stunden nach der Pilzmahlzeit ein. Verwechslungen sind möglich mit dem *Grauen Wulstling* und dem *Perlpilz*, beide essbar, oder mit dem Giftpilz *Rauer Wulstling*.

Merkmale

Hut ■ ø 5–10 cm, graubraun, hell- bis dunkelbraun, Oberfläche glänzend mit abwischbaren, weißen Flocken, jung halbkugelig, später flach ausgebreitet, Rand (meist) gerieft

Lamellen ■ eng stehend, weiß, am Stiel nicht angewachsen, Sporenpulver weiß

Stiel ■ weiß, schlank, an der Basis mit stulpenartiger Knolle, darüber undeutlich flockig-schuppige Gürtelzone, weißer häutiger Ring, nicht gerieft

Fleisch ■ weiß und nicht verfärbend

Geruch ■ schwach rettichartig

Juli
Okt

Perlpilz *Amanita rubescens*

Juli – Nov

Merkmale

Hut ■ ø 5–15 cm, Farbe sehr variabel von blass fleischfarben, ockerbraun bis braunrot, Oberfläche mit rötlich grauen, grauweißen abwischbaren Hüllresten, jung halbkugelig, dann flacher gewölbt bis flach, Rand nicht gerieft

Lamellen ■ eng stehend, weiß, am Stielansatz frei, dicht, alt und an Fraßstellen rötlich verfärbend, Sporenpulver weiß

Stiel ■ kräftig, weißlich, oft mit rötlicher Tönung, nach oben verjüngt, Knolle am unteren Ende ohne Scheide, hängender, geriefter weißlicher oder hellrosafarbener Ring im oberen Stieldrittel, darüber ist Stiel gerieft, unterhalb feinflockig

Fleisch ■ weich, weiß, bei Anschnitt rötend

Geruch ■ unauffällig

Geschmack ■ anfangs mild, dann herb

Einer der ersten Wulstlinge, die im Frühsommer im Laub- und Nadelwald oder in Parkanlagen und Gärten erscheinen. Er bevorzugt keine bestimmten Bodenarten. Ein schmackhafter Speisepilz, der roh nicht verzehrt werden darf. Bei der Zubereitung ist auf ausreichend lange und hohe Erhitzung zu achten, sonst kommt es zu Magen-Darm-Störungen. Zum Trocknen eignet er sich nicht. Häufig ist der Pilz wurmstichig. Verwechslungen möglich mit dem äußerst giftigen *Pantherpilz*, der kein rötendes Fleisch, keine geriefte Manschette und meist einen gerieften Hutrand hat.

Weiterer Name: Rötender Wulstling

Fliegenpilz

Amanita muscaria

Der bekannteste giftige Pilz wächst im Sommer und Herbst im Laub- und Nadelwald mit saurem Boden, gerne bei Birken und Fichten. Er steht einzeln, in Gruppen oder in Hexenringen. Vergiftungssymptome treten nach 30 Minuten bis zu 4 Stunden auf. Es kommt zu Beschleunigung des Herzschlags, Doppelbildsehen, Bewusstseinstrübungen, Halluzinationen, Sprach- und Bewegungsstörungen bis hin zu Krämpfen und Bewusstlosigkeit. Tödlich kann die Vergiftung bei Kindern oder Erwachsenen mit Organschäden verlaufen. Verwechslungen sind möglich bei Farbvariationen nach orange und gleichzeitigem Verlust der Hutflöckchen.

Merkmale

Hut ■ ø 5–15 cm, leuchtend rot, seltener orange, gelborange, Oberfläche glänzend mit weißen, leicht abwischbaren Hüllflöckchen, Haut abziehbar, darunter orangegelb, jung halbkugelig, dann gewölbt und ausgebreitet
Lamellen ■ eng stehend, weiß, am Stielansatz frei, Sporenpulver weiß
Stiel ■ weiß, eiförmige Knolle an der Basis, besetzt mit Warzengürteln, hängender Ring
Fleisch ■ weiß, weich
Geruch ■ unauffällig

Aug
Nov

Riesenscheidenstreifling

Amanita ceciliae

Juli
Okt

Merkmale

Hut ■ ø 8–15 cm, ocker, bräunlich, graubräunlich, Oberfläche dicht mit ablösbaren grauen, weißlichen Hüllresten besetzt, jung glockenförmig, dann gewölbt bis ausgebreitet, Rand gerieft
Lamellen ■ eng stehend, weißlich, am Stielansatz frei, Sporenpulver weiß
Stiel ■ lang, schlank, weißlich, dann bräunlich genattert, nach oben verjüngt, an der Basis 2 oder 3 Ringzonen
Fleisch ■ weißlich, dünn, brüchig
Geruch ■ unauffällig
Geschmack ■ mild

Er erscheint im Sommer und Frühherbst im Nadel- und Laubwald an der Erdoberfläche. Bevorzugte Standorte sind Buchen und Eichen auf kalkhaltigen oder lehmigen Böden. Der Pilz ist essbar, muss jedoch ausreichend erhitzt werden, um Magen-Darm-Störungen zu vermeiden. Da er überdies kein nennenswertes Aroma besitzt, ist er als Speisepilz unbedeutend und man kann ihn – auch um Verwechslungen mit anderen giftigen Vertretern dieser Gattung auszuschließen – getrost stehen lassen. Er gehört zu den gefährdeten Arten.

Orangegelber Scheidenstreifling *Amanita crocea*

Ein Pilz, der im Nadel- und Laubwald gerne bei Birken wächst. Er ist wie andere Streiflinge essbar, muss jedoch ausreichend erhitzt werden, um Magen-Darm-Störungen zu vermeiden. Kein Rohverzehr! Die Pilze verderben rasch nach dem Pflücken. Verwechslungen mit dem *Grünen Knollenblätterpilz* sind möglich, deshalb lassen Anfänger diesen Pilz sicherheitshalber am besten stehen.
Weiterer Name: Safranstreifling

Merkmale

Hut ■ ø 6–12 cm, orange- bis ockergelb, Oberfläche feucht schmierig, trocken glänzend, meist ohne weiße Hüllreste, jung glockenförmig, dann gewölbt bis ausgebreitet mit Höcker, deutlich geriefter Rand
Lamellen ■ eng stehend, weißlich oder creme bis blass fleischfarben, am Stielansatz frei, Sporenpulver weißlich
Stiel ■ lang, schlank, zerbrechlich und hohl, nach oben verjüngt, orangeocker feinschuppig genattert, kein Ring, Basis in hoher weißer, innen gelblicher Scheide
Fleisch ■ weiß, dünn, weich
Geruch ■ unauffällig
Geschmack ■ unauffällig

Juni
Nov

Grauhäutiger Scheidenstreifling *Amanita submembranacea*

Juni
Okt

Merkmale

Hut ■ ø 6–10 cm, graubraun, olivbraun, Oberfläche glatt mit grauen Hüllresten, Rand heller und gerieft, jung glockenförmig, dann ausgebreitet mit angedeutetem Höcker
Lamellen ■ eng stehend, weißlich oder creme bis blass fleischfarben, am Stielansatz frei, Sporenpulver weißlich
Stiel ■ lang, schlank, zerbrechlich und hohl, nach oben verjüngt, etwas heller als Hut, genattert, mit feinen Schüppchen, kein Ring, Basis in grauer Scheide
Fleisch ■ dünn
Geruch ■ unauffällig
Geschmack ■ mild

Im Nadelwald, bevorzugt auf sauren Böden unter Fichten, ist dieser Streifling zu finden. Seine Wachstumszeit erstreckt sich von Sommer bis Herbst. Roh ist der Pilz giftig, ausgiebig gekocht ist er genießbar. Kann mit anderen Streiflingen verwechselt werden, aber auch mit Giftpilzen der Gattung „Amanita". Nur erfahrene Pilzsammler sollten deshalb Streiflinge mitnehmen.

Grauer Scheidenstreifling *Amanita vaginata*

Laub- und Nadelwälder sind Standorte dieses Streiflings, den der Sammler im Sommer und Herbst relativ häufig antrifft. Roh ist der Pilz giftig, ausgiebig gekocht kann er gegessen werden. Er könnte mit anderen Streiflingen verwechselt werden. Wer ihn als Speisepilz verwenden möchte, muss ihn sicher von den nahe verwandten gefährlichen Knollenblätterpilzen unterscheiden können.

Weitere Namen: Grauer Streifling

Merkmale

Hut ■ ø 3–8 cm, hell- bis dunkelgrau, braun, Oberfläche leicht schmierig, meist ohne Hüllreste, jung glockenförmig, dann gewölbt bis ausgebreitet mit Höcker, Rand deutlich gerieft

Lamellen ■ eng stehend, weiß, am Stielansatz frei, Sporenpulver weiß

Stiel ■ lang, schlank, zerbrechlich und hohl, nach oben verjüngt, weiß oder etwas heller als Hutfarbe, glatt oder geflockt, kein Ring, weiße Scheide

Fleisch ■ weiß, weich, brüchig

Geruch ■ unauffällig

Geschmack ■ mild

Juli
Okt

Fuchsiger Scheidenstreifling *Amanita fulva*

Juni
Okt

Merkmale

Hut ■ ø 4–7 cm, orange- bis dunkelrotbraun, am Rand etwas heller, Oberfäche klebrig, glänzend, meist ohne Hüllreste, jung, glockenförmig, dann gewölbt bis ausgebreitet mit Höcker, Rand deutlich gerieft
Lamellen ■ eng stehend, weißlich, am Stielansatz frei, Sporenpulver weiß
Stiel ■ lang, schlank, zerbrechlich und hohl, nach oben verjüngt, weißlich, creme oder etwas heller als Hutfarbe, kein Ring, Basis mit hoher, weißlich rotbräunlicher Scheide
Fleisch ■ weißlich-creme, dünn, weich
Geruch ■ unauffällig
Geschmack ■ unauffällig

Ein Pilz, den der Sammler von Frühsommer bis Herbst häufig unter Birken, aber auch an anderen Plätzen im Laub- und Nadelwald finden kann. Er bevorzugt feuchte Standorte. Für diesen Streifling gilt dasselbe wie für seine Artgenossen: Roh ist er giftig, ausgiebig gekocht kann er gegessen werden. Der *Orangegelbe Scheidenstreifling* sieht ihm ähnlich. Wer diesen wenig aromatischen Pilz dennoch auf seinen Speiseplan setzen möchte, muss sich sicher sein, dass es sich um keinen Knollenblätterpilz handelt.
Weiterer Name: Rotbrauner Streifling

Zweifarbiger Scheidenstreifling *Amanita battarrae*

Vor allem in Nadelwäldern in Hochlagen wächst dieser Streifling. Er steht einzeln oder in Gruppen im Sommer und Frühherbst auf dem Waldboden. Roh ist er wie alle Streiflinge giftig, ausgiebig gekocht kann man ihn essen. Verwechslung mit dem *Grauhäutigen Scheidenstreifling* möglich. Hinsichtlich des Sammelns gilt dieselbe Empfehlung wie bei den anderen Streiflingen.

Merkmale

Hut ■ ø 5–12 cm, graubraun, olivbräunlich, ockerbräunlich, im Zentrum und am Innenrand der gerieften Randzone deutlich dunkler, Oberfäche glatt, meist ohne Hüllreste, jung, glockenförmig, dann ausgebreitet mit Höcker
Lamellen ■ eng stehend, weißlich, am Stielansatz frei, Sporenpulver weiß
Stiel ■ lang, schlank, nach oben verjüngt, weißlich, schwach graubraun, etwas dunkler geschuppt, kein Ring, Basis mit grauweißer Scheide, alt hohl
Fleisch ■ weißlich, brüchig
Geruch ■ unauffällig
Geschmack ■ leicht süßlich

Juni
Okt

Austernseitling

Pleurotus ostreatus

Okt
März

Merkmale

Hut ■ ø 5–15 cm, farbvariabel, graublau, graulila, graubraun bis schwarzviolett, Oberfläche glatt, glänzend, feucht klebrig, muschelförmig mit eingerolltem, später gebogenem Rand
Lamellen ■ eng stehend, weißlich bis creme, am Stiel herablaufend, unterschiedlich lang, Sporenpulver weiß
Stiel ■ kurz oder fehlend, seitlicher Ansatz
Fleisch ■ weiß, dick, weich, später zäh, besonders im Stiel
Geruch ■ aromatisch
Geschmack ■ angenehm, leicht säuerlich

Ein Pilz, der die kalte Jahreszeit bevorzugt und erst am Ende der Hauptsaison an Baumstämmen und -stümpfen von Laubholz, in seltenen Fällen auch an Nadelholz wächst. Er ist frostunempfindlich. Gut geeignet zum Braten, Grillen und als Mischpilz. Trocknen ist weniger zu empfehlen. Er wird auch kultiviert und ist im Handel erhältlich. Eine Verwechslung mit anderen essbaren Seitlingen kann vorkommen.
Weitere Namen: Austernpilz, Kalbfleischpilz

Frühjahrsrötling

Entoloma vernum

Einer der ersten Pilze im Frühjahr. Er wächst in lichten Laub- und Nadelwäldern sowie in Auwäldern und an Bachläufen. Ein giftiger Rötling. Versehentlich verspeist ruft dieser Pilz schwere Magen-Darm-Störungen hervor. Es gibt Rötlinge, die eine Ähnlichkeit mit ihm haben, die jedoch zu anderen Jahreszeiten wachsen.
Weiterer Name: Frühlingsglöckling

Merkmale

Hut ■ ø 2–5 cm, hell- bis dunkelgraubraun oder schwarzbraun, Oberfläche trocken matt, feucht ölig glänzend, jung glockenförmig-kegelig, dann ausgebreitet mit Buckel, Rand nach unten gebogen
Lamellen ■ eher weit stehend, hellgrau, später rosabräunlich, Sporenpulver fleischfarben
Stiel ■ schlank, wie Hut gefärbt, längsfaserig, alt hohl, brüchig
Fleisch ■ dünn, graubräunlich
Geruch ■ unauffällig

März
Mai

Striegeliger Rötling

Entoloma hirtipes

Apr
Juni

Merkmale

Hut ■ ø 3–5 cm, feucht graubraun bis dunkelbraun, trocken ockerbraun, Oberfläche glatt, glänzend, feucht Lamellen durchschimmernd, jung glockenförmig-kegelig, später ausgebreitet mit spitzem Buckel, Rand gerieft
Lamellen ■ eher weit stehend, lang und kurz gemischt, blassgrau, später schmutzig fleischfarben, Sporenpulver bräunlich fleischfarben
Stiel ■ lang, schlank, graubraun, längs gerillt, Basis dick, mit weißem Wurzelgeflecht, hohl
Fleisch ■ dünn, hellgrau
Geruch ■ tranig, fischig

Der Rötling erscheint im Frühling an Waldwegen oder in Laub- und Nadelwäldern. Häufig steht er gesellig zwischen Reisig. Er hat einen charakteristischen, leicht fischigen Geruch. Der Pilz ist giftig und verursacht Magen-Darm-Störungen. Viele der Rötlinge sind giftig oder stehen in Verdacht, giftig zu sein. Gemeinsame Merkmale dieser Gattung sind fleischrosafarbige Lamellen der reifen Pilze und eine Sporenfarbe in demselben Farbton.
Weiterer Name: Gebrechlicher Glöckling

Elfenbeinschneckling

Hygrophorus eburneus

Ein Pilz, der mit der Buche vergesellschaftet ist. Man kann ihn im Spätsommer und Herbst in kleinen Gruppen zwischen dem Laub finden. Er ist essbar, jedoch an Stiel und Hut schleimig. Die farblich meist unscheinbaren Schnecklinge gehören zu den Wachsblättlern. Kennzeichnend sind dicke, wachsweiche Lamellen. Meist sind die Hüte der Schnecklinge schmierig oder schleimig.

Merkmale

Hut ■ ø 3–8 cm, weißlich, weiß, im Alter Mitte leicht gelblich, Oberfläche feucht stark schleimig, trocken glatt, jung halbkugelig, dann gewölbt, später flach, teils wellig, Rand jung eingerollt
Lamellen ■ weit stehend, weißlich oder hell- creme, dick, wachsweich, am Stiel angewachsen und etwas herablaufend, Sporenpulver weiß
Stiel ■ fest, Farbe wie Hut, schleimig im oberen Bereich kleiig, oft gebogen, Basis verjüngt, alt hohl
Fleisch ■ weiß, weich
Geruch ■ aromatisch
Geschmack ■ mild

Aug
Nov

Wohlriechender Schneckling *Hygrophorus agathosmus*

Aug
Nov

Merkmale

Hut ■ ø 3–8 cm, weißlich, hell- bis dunkelgrau oder gelblichgrau, am Rand oft heller, Oberfläche feucht stark schmierig, trocken glänzend, jung gewölbt mit gebogenem Rand, dann flach mit stumpfem Buckel
Lamellen ■ weit stehend, weißlich bis grau, dick, wachsweich, am Stiel herablaufend, Sporenpulver weiß
Stiel ■ fest, weißlich bis hellgrau, im oberen Teil körnig-flockig, Basis leicht verdickt
Fleisch ■ weiß, weich
Geruch ■ nach Marzipan
Geschmack ■ mild

Fichten in Nadelwäldern mit Kalkböden, besonders in Gebirgslagen, sind Standort dieses Pilzes mit einem auffälligen Geruch nach Bittermandeln. Er ist ein Speisepilz und eignet sich vor allem als Mischpilz. Die bei feuchter Witterung schleimige Huthaut sollte gleich am Fundort entfernt werden. Der charakteristische Geruch ist ein sicheres Bestimmungskriterium und sollte Verwechslungen weitgehend ausschließen.

Erdritterling

Tricholoma terreum

Bevorzugter Standort ist die Kiefer in Nadel- oder Mischwäldern mit Kalk- und Sandböden. Im Herbst bis nach den ersten Nachtfrösten wächst dieser Pilz oft massenhaft in der Nadelstreu. Er ist essbar, aber von eher geringem Speisewert, da er kein nennenswertes Aroma besitzt. Man kann ihn als Mischpilz verwenden. Verwechslungen sind möglich mit anderen grauen, teils ungenießbaren Ritterlingen oder mit dem giftigen *Tigerritterling*.

Weiterer Name: Mäusegrauer Erdritterling

Merkmale

Hut ■ ø 3–8 cm, hell- bis dunkelgrau, ockergrau, anthrazit, Oberfläche matt, mit schwärzlichen Fasern, jung glockig, später ausgebreitet und gebuckelt, Rand alt oft eingerissen

Lamellen ■ eng stehend, grau-weißlich, vor dem Stiel ausgebuchtet, Sporenpulver weiß

Stiel ■ weiß bis hellgrau, glatt, alt hohl

Fleisch ■ weißlich-grau, dünn, nicht färbend

Geruch ■ unauffällig

Geschmack ■ mild

Sept
Nov

Tigerritterling

Tricholoma pardalotum

Aug
Okt

Merkmale

Hut ■ ø 5–12 cm, weißlich, silbergrau, Oberfläche dachziegelartig graubraun bis grauschwarz konzentrisch geschuppt, jung halbkugelig-glockig, lange eingerollter Rand, später ausgebreitet mit eingedellter Mitte oder stumpfem Buckel, Oberfläche auf silbergrauem Grund

Lamellen ■ mäßig dicht stehend, weißlich, später gelblich, am Stiel stark ausgebuchtet, viele Zwischenlamellen, Sporenpulver weiß

Stiel ■ kräftig, Basis keulenförmig, weißlich, fein längsfaserig bis schuppig, jung an der Stielspitze mit Wasserperlen

Fleisch ■ dick, weißlich

Geruch ■ mehlartig

Dieser giftige Ritterling wächst auf kalkhaltigen Böden sowohl in Nadelwäldern als auch in Laubwäldern, dort gerne bei Buchen. Er tritt im Sommer und Herbst in Erscheinung, meist gesellig. Der Pilz verursacht schwere Magen-Darm-Beschwerden, die Tage anhalten können. 1 bis 2 Stunden nach dem Verzehr treten Übelkeit, Bauchschmerzen, heftiges Erbrechen und Durchfall auf und es kann zum Kreislaufkollaps kommen. Pilzsammler mit wenig Erfahrung sollten, um Verwechslungen auszuschließen, graue Ritterlinge stehen lassen.

Schwefelritterling *Tricholoma sulfureum*

Ein in Farbe und Geruch auffälliger Pilz, dem man im Sommer und Herbst häufig in Laub- und Nadelwäldern begegnet. Der giftige Pilz wächst gesellig auf allen Bodenarten. Er ruft Magen-Darm-Störungen hervor. Sehr ähnlich sieht der Grünling aus, der in älterer Literatur noch als guter Speisepilz beschrieben wird. Vor kurzem entdeckte man, dass er Giftstoffe enthält, die nach mehrmaligem Verzehr zum Zerfall von Muskelfasern führen können.

Merkmale

Hut ■ ø 3–8 cm, schwefelgelb, in der Mitte oft rötlich braun, Oberfläche glatt, matt, jung halbkugelig, dann gewölbt, später ausgebreitet, dünnfleischig
Lamellen ■ weit stehend, schwefelgelb, ausgebuchtet angewachsen, Sporenpulver weiß
Stiel ■ schlank, wie Hut gefärbt, fein rotbraun längs gefasert, Basis oft knollig und weiß
Fleisch ■ fest, schwefelgelb
Geruch ■ widerlich

Juli
Okt

Violetter Rötelritterling *Lepista nuda*

Juni
Nov

Merkmale

Hut ■ ø 5–15 cm, violett mit bräunlich violetter Mitte, alt ausgeblasst hell- bis grauviolett, Oberfläche glatt, jung halbkugelig, dann ausgebreitet und gewellt, Rand lange eingerollt
Lamellen ■ eng stehend, violett bis grauviolett, vor dem Stiel ausgebuchtet, leicht ablösbar, Sporenpulver fleischrosa
Stiel ■ kräftig, an der Basis verdickt, violett, weiß überfasert
Fleisch ■ dick, weißlich-violett, weich
Geruch ■ angenehm würzig
Geschmack ■ leicht nussig

Er kommt im Sommer und Herbst im Humus von Laub- und Nadelwald zum Vorschein, auch in Gärten. Gelegentlich erscheint er auch bereits im Mai. Ein geselliger Pilz, der in Gruppen oder in Hexenringen wächst und sich als schmackhafter Speisepilz gut zum Braten oder Dünsten eignet. Sein Aroma ist sehr speziell. Man kann ihn einfrieren, jedoch nicht trocknen. Es gibt ähnlich aussehende, essbare Verwandte. Verwechslung möglich mit dem giftigen Lila Dickfuß, der sich durch gelbes Fleisch, braune Sporen und widerlichen Geruch unterscheidet.

Nebelkappe

Lepista nebularis

Ein häufiger Pilz im Herbst in Laub- und Nadelwäldern, tritt oft massenhaft auf, gelegentlich auch in Hexenringen. Er hat einen sehr eigenen, unverwechselbaren Geruch. Ein ergiebiger Speisepilz, der immer gut abgekocht werden sollte. Trotzdem kommt es infolge Unverträglichkeit bei manchen Menschen zu Magen-Darm-Reizungen. Leicht zu verwechseln mit dem jungen giftigen Riesenrötling, von dem er sich durch Lamellenfarbe und Geruch unterscheidet. *Weitere Namen:* Herbstblatt, Nebelgrauer Trichterling, Graukopf

Merkmale

Hut ■ ø 5–20 cm, blass graubräunlich mit hellerem Rand, Oberfläche glatt oder mit feinem abwischbarem Belag, jung gewölbt, später ausgebreitet, Rand lange nach unten gebogen
Lamellen ■ eng stehend, weißlich-creme bis grau, am Stiel angewachsen, leicht ablösbar, Sporenpulver cremeweiß
Stiel ■ kräftig, wie Hut gefärbt, längsfaserig, an der erweiterten Basis filzig
Fleisch ■ dick, weiß, fest
Geruch ■ charakteristisch süßlich-streng
Geschmack ■ leicht säuerlich

Aug
Nov

Gemeiner Hallimasch

Armillaria ostoyae

Aug
Nov

Merkmale

Hut ■ ø 3–10 cm, honiggelb bis ockerbraun oder rötlich braun (sehr variabel), Oberfläche mit abwischbaren, im Zentrum dichteren dunklen Schüppchen, jung halbkugelig mit eingebogenem Rand, später flach bis gewellt ausgebreitet und geriefter Rand
Lamellen ■ dicht stehend, cremeweiß, später hellbraun, alt rotbraun gefleckt, am Stiel kurz herablaufend, Sporenpulver weiß
Stiel ■ schlank, oben ceme, nach unten zu ocker-bräunlich, häutiger, unten bräunlich geschuppter Ring, darüber cremefarben
Fleisch ■ dünn, weißlich bis hellbraun
Geruch ■ unauffällig
Geschmack ■ zunächst mild, länger gekaut herb

Büschelweise oder in großer Anzahl wächst dieser Pilz im Herbst an oder auf totem oder lebendem Laub- und Nadelholz. Roh ist er giftig und verursacht heftige Magen-Darm-Beschwerden. Gekocht können die Hüte gegessen werden, wobei es dennoch bei manchen Menschen zu Unverträglichkeiten kommen kann. Bei der Verarbeitung ist zu beachten, dass das erste Kochwasser weggeschüttet wird. Der Pilz eignet sich nicht zum Braten. Verwechslungen bestehen vor allem mit ebenfalls büschelig an Holz wachsenden Pilzen wie z. B. dem *Gifthäubling* und dem *Grünblättrigen Schwefelkopf*.
Weiterer Name: Dunkler Hallimasch

Honiggelber Hallimasch *Armillaria mellea*

An oder in der Nähe von totem oder lebendem Laub- und Nadelholz wächst er im Herbst meist in üppigen Büscheln. Er gilt als Speisepilz, ist aber ungenügend gekocht oder roh giftig und verursacht dann heftige Magen-Darm-Beschwerden. Verarbeitet werden nur die Hüte, das erste Kochwasser muss weggeschüttet werden. Der Pilz eignet sich nicht zum Braten. Manche Personen vertragen den Pilz auch gekocht nicht. Verwechslungsgefahren bestehen vor allem mit ebenfalls büschelig an Holz wachsenden Pilzen wie z. B. dem Gifthäubling und dem *Grünblättrigen Schwefelkopf*.

Merkmale

Hut ■ ø 4–12 cm, hell bis dunkel honiggelb, Oberfläche mit abwischbaren, gelbbraunen bis schwarzbraunen, vergänglichen Schüppchen, jung halb kugelig mit eingebogenem Rand, später flach bis gewellt ausgebreitet
Lamellen ■ cremeweiß, später hellbraun-rötlich, bräunlich fleckend, am Stiel kurz herablaufend, Sporenpulver weiß
Stiel ■ schlank, weißlich bis fleischfarben, zur Basis hin dunkler, mit einzelnen Flöckchen besetzt, häutiger, unten geschuppter Ring
Fleisch ■ dünn, hellbräunlich
Geruch ■ unauffällig
Geschmack ■ zunächst mild, nach längerem Kauen unangenehm raues Gefühl im Rachen

Aug
Nov

Keulenfußtrichterling

Clitocybe clavipes

Juli
Nov

Merkmale

Hut ■ ø 4–8 cm, braungrau, ockerbraun, olivbraun, Oberfläche glatt, jung flach gewölbt, leicht bucklig, dann ausgebreitet bis leicht trichterförmig
Lamellen ■ eng stehend, weißlich, creme, blassgelb, etwas am Stiel herablaufend, Sporenpulver weiß
Stiel ■ kräftig, wie Hut gefäbt oder blasser, dicke keulige Basis mit weißem Filz, längs gefasert, hohl
Fleisch ■ weißlich, weich, schwammig
Geruch ■ süßlich
Geschmack ■ mild

Ein weit verbreiteter Pilz, der gerne auf sauren Böden in Nadelwäldern, seltener in Laubwäldern wächst. Man findet ihn in Gruppen vor, manchmal auch in Hexenringen. Dieser Trichterling ist nur eingeschränkt essbar – denn in Verbindung mit Alkohol kann es zu einer Vergiftungsreaktion kommen. Alkoholgenuss ist vor der Pilzmahlzeit bis mindestens 24 Stunden, in Ausnahmefällen bis 5 Tage danach gefährlich. Vergiftungssymptome sind u. a. Herzrasen, Gesichtsrötung und Beklemmungsgefühle (Coprinus-Syndrom). Verwechslung mit der *Nebelkappe* möglich.

Ockerbrauner Trichterling

Clitocybe gibba

Ein wärmeliebender, in Wäldern oder an Waldrändern häufig anzutreffender Pilz. Oft wächst er in Reihen und Ringen, nur selten steht er als Einzelexemplar. Die Hüte sind essbar. Dieser Trichterling ist schwer zu unterscheiden von einigen ungenießbaren engen Verwandten wie dem Fuchsigen Röteltrichterling und einigen Rötelritterlingen. Nur erfahrene Pilzsammler sollten deshalb diesen Pilz mitnehmen.

Merkmale

Hut ■ ø 3–8 cm, hellocker bis ockerbraun, Oberfläche glatt, jung gewölbt, bald trichterförmig mit kleinem Buckel in der Senke, Rand lange eingerollt, alt wellig
Lamellen ■ eng stehend, weißlich, creme, am Stiel herablaufend
Stiel ■ schlank, weißlich bis hutfarben, Basis leicht verdickt und weißlich filzig, alt hohl
Fleisch ■ weich, weißlich
Geruch ■ angenehm
Geschmack ■ mild

Juni
Sept

Roter Lacktrichterling *Laccaria laccata*

Juni
Nov

Merkmale

Hut ■ ø 1–4 cm, feucht fleischrot bis violett, orangebraun, trocken stark aufgehellt oder hellocker, Oberfläche feinfilzig, jung halbkugelig, dann ausgebreitet mit dunklem Nabel, Rand breit gerieft, alt wellig
Lamellen ■ weit stehend, breit, fleischfarben, braunrötlich, Sporenpulver weiß
Stiel ■ schlank, oft gedreht, wie Hut gefärbt, längs gefasert
Fleisch ■ dünn, fleischfarben, weich
Geruch ■ angenehm
Geschmack ■ mild

Laub- und Nadelwälder, Parkanlagen oder auch Gärten, vorzugsweise mit feuchten Böden, sind beliebte Standorte dieses Trichterlings. Wachstumszeit ist Sommer bis Spätherbst. Er ist essbar und eignet sich ohne Stiel als Mischpilz. Ein Pilz, der farblich je nach Witterung sowie in Form und Größe sehr variiert. Wichtiges Merkmal sind die fleischfarbenen dicken, weit stehenden Lamellen. Verwechslungen mit farblich ähnlichen, essbaren Lacktrichterlingen.
Weiterer Name: Roter Lackpilz

Violetter Lacktrichterling
Laccaria amethystea

Ein Pilz ohne besondere Bodenansprüche. Er wächst meist gesellig, mitunter auch einzeln im Laub- und Nadelwald. Seine Farbe nimmt bei feuchtem Wetter deutlich an Intensität zu. Er ist ein guter Speisepilz mit festem Fleisch, kann als Mischpilz verwertet oder konserviert werden. Vorsicht vor Verwechslungen mit dem giftigen *Rettichhelmling*. Einige essbare Lacktrichterlinge ähneln ihm ebenfalls.
Weitere Namen: Blauer Lackpilz, Violetter Bläuling

Merkmale

Hut ■ ø 1–6 cm, feucht violett, braunviolett, durchscheinend, trocken hellviolett ausblassend, Oberfläche glatt, jung gewölbt, dann ausgebreitet mit dunklem Nabel, Rand gerieft
Lamellen ■ weit stehend, breit, violett, am Stiel angewachsen und etwas herablaufend, Sporenpulver weiß
Stiel ■ schlank, oft gedreht, wie Hut gefärbt, weißlich bis violett längs gefasert
Fleisch ■ dünn, violettbräunlich, elastisch
Geruch ■ angenehm
Geschmack ■ mild

Juni
Nov

Rettichhelmling *Mycena pura*

Juli
Okt

Merkmale

Hut ■ ø 2–5 cm, blasslila bis hellviolett, aber auch rosa, gelblich weiße Varianten, Oberfläche glatt, in der Mitte trocken und heller, Randzone dunkler, gerieft, jung glockenförmig, dann flach mit Buckel
Lamellen ■ mäßig weit stehend, weißlich, grauweiß mit Querverbindungen, am Stiel ausgebuchtet angewachsen
Stiel ■ schlank, wie Hut gefärbt oder blasser, hohl, zerbrechlich
Fleisch ■ dünn, graulila, brüchig
Geruch ■ rettichartig

Ein häufiger Waldpilz im Sommer und Herbst. Einzeln oder in kleinen Gruppen steht er in der Laub- oder Nadelstreu. Dieser Helmling ist sehr variabel in der Farbe und gelegentlich auch in der Form. Er ist giftig, enthält eine geringe Menge des Nervengiftes Muscarin. Dieses führt nach einer Latenzzeit von 30 – 60 Minuten zu Blutdruckabfall, verlangsamtem Puls, Atemnot und Magenkrämpfen. Früher war der Pilz als Speisepilz eingestuft.

Maipilz

Calocybe gambosa

Bevorzugte Standorte dieses Pilzes sind Waldränder, Wiesen, Gebüsche und Parkanlagen, wo man ihn im Frühjahr und Frühsommer in Gruppen oder Hexenringen finden kann. Er ist ein ergiebiger Speisepilz mit einem charakteristischen Mehlgeschmack. Geeignet zum Braten und Dünsten. Einfrieren ist möglich. Junge Exemplare können getrocknet werden. Verwechslungen sind möglich mit dem äußerst giftigen *Ziegelroten Risspilz*.
Weiterer Name: Mairitterling

Merkmale

Hut ■ ø 3–10 cm, weißlich, cremeweiß bis ocker, Mitte oft dunkler, Oberfläche matt, jung halbkugelig, dann gewölbt, später ausgebreitet und wellig, Rand lange eingerollt, sehr dickfleischig
Lamellen ■ eng stehend, weiß bis creme, am Stiel angewachsen, Sporenstaub weiß
Stiel ■ kräftig, kurz, weiß bis creme, schwach längs gerillt
Fleisch ■ weiß, fest
Geruch ■ intensiv mehlartig
Geschmack ■ mehlartig

April
Juni

Breitblattrübling

Megacollybia platyphylla

Juli
Nov

Merkmale

Hut ■ ø 4–12 cm, grau-, olivbraun oder braun, gewölbt, dann ausgebreitet, dünnfleischig, Rand mit Kerben, Oberfläche matt, samtig
Lamellen ■ sehr weit stehend, weißlich bis creme, Sporenpulver weiß
Stiel ■ lang, schlank, hohl, weißlich, dann bräunlich, Basis oft mit Wurzelsträngen
Fleisch ■ weiß
Geruch ■ unauffällig

Vor allem im Laubwald und nur selten auch im Nadelwald tritt dieser Rübling im Sommer und Herbst in Erscheinung. Er wächst häufig einzeln oder grüppchenweise auf vergrabenem modrigem Holz oder an Baumstümpfen. Er ist kein Speisepilz, von einem Verzehr wird abgeraten, da es zu Magen-Darm-Störungen kommen kann. Der Pilz ist mit dem *Rehbraunen Dachpilz* zu verwechseln und einigen Rötlingen. *Weiterer Name:* Breitblättriger Rübling

Fichtenzapfenrübling

Strobilurus esculentus

Als einer der ersten Pilze im Frühjahr tritt dieser Rübling oft schon nach der Schneeschmelze in Erscheinung. Man findet den geselligen Pilz im Nadelwald auf vergrabenen oder gelegentlich auch auf dem Waldboden liegenden Fichtenzapfen. Er zählt zu den Speisepilzen, essbar sind die Hüte. Es bedarf allerdings einiger Ausdauer, bis man für ein Pilzgericht genügend Exemplare gesammelt hat. Verwechslungen sind mit dem größeren *Frühjahrsrötling* möglich.

Merkmale

Hut ■ ø 0,5–3 cm, ocker-, rötlich- oder graubraun, jung gewölbt, später flach mit leichtem Buckel, Oberfläche glatt, Rand gerieft
Lamellen ■ eng stehend, gegabelt, weißlich, Sporenpulver weiß
Stiel ■ lang, dünn, hohl, ockergelb, hellbraun, zäh
Fleisch ■ weißlich, dünn
Geruch ■ unauffällig
Geschmack ■ mild

März
Mai

Gemeiner Samtfußrübling *Flammulina velutipes*

Nov
März

Merkmale

Hut ■ ø 1–6 cm, hell-, orange-, bräunlich gelb mit dunklerer Mitte, jung halbkugelig, dann flach, Oberfläche feucht klebrig, sonst glatt, dünnfleischig
Lamellen ■ entfernt stehend, weißlich, dann hell- bis orangegelb, Sporenpulver weiß
Stiel ■ dünn, gebogen, fest, bräunlich bis schwarz, Oberfläche samtig, alt hohl, holzig
Fleisch ■ weißlich bis gelb, dünn, elastisch
Geruch ■ unauffällig
Geschmack ■ mild

Einer der wenigen Pilze, die der Sammler auch im Winter ernten kann. In dichten Büscheln wächst der Rübling an Laubholzstümpfen, bevorzugt an Weiden und Pappeln. Er ist frostunempfindlich und kann gegessen werden, wobei nur die Hüte verarbeitet werden sollten. Ein wohlschmeckender Mischpilz, gut geeignet zum Trocknen und Einfrieren. Verwechslungen mit dem eng verwandten, essbaren Weißblättrigen Samtfußrübling, sowie mit dem giftigen *Grünblättrigen Schwefelkopf* sind möglich.

Weitere Namen: Winterrübling, Winterpilz

Faltentintling

Coprinus atramentarius

Von Frühjahr bis Herbst erscheint häufig dieser büschelig verwachsene Pilz auf gedüngten Böden, Wiesen, Feldern, Wegrändern oder auch auf Holz. Er ist eingeschränkt essbar, da er eine Alkokolunverträglichkeit auslöst, das so genannte Coprinus-Syndrom, wie beim *Keulenfußtrichterling* beschrieben. Zu Verwechslungen könnte es kommen mit dem essbaren *Schopftintling*. Es gibt an die 100 verschiedene Tintlinge. Typisch sind die Lamellen, die sich nach der Reife schnell zersetzen, und schwarzen Sporen.

Weiterer Name: Grauer Tintling

Merkmale

Hut ■ 4–10 cm hoch, aschgrau, braungrau, Oberfläche längs gefurcht, am Scheitel bräunlich, abwischbare Schüppchen, alt fast kahl, jung eiförmig, später glockig, alt eingerissener, aufgebogener Rand

Lamellen ■ eng stehend, jung weißlich-grau, später braun, dann schwarz und tintenartig zerfließend, am Stiel nicht angewachsen, Sporenpulver schwarz

Stiel ■ schlank, weiß, glatt, an der Basis etwas verdickt und feinschuppig, hohl

Fleisch ■ weißlich

Geruch ■ unauffällig

Geschmack ■ mild

Mai
Nov

Schopftintling *Coprinus comatus*

Mai
Nov

Merkmale

Hut ■ 5–12 cm hoch, jung schmal eiförmig, alt glockenförmig, weiß, später grauweiß, Scheitel oft bräunlich, Oberfläche mit weißlichen, später bräunlichen abstehenden Schuppen, Hutrand jung den Stiel umschließend, später fransig, vom Rand her bald tintenartig zerfließend

Lamellen ■ eng stehend, jung weiß, dann rosa, später schwarz, zerfließend, Sporenpulver schwarz

Stiel ■ schlank, weiß, glatt, Basis verdickt, schmaler vergänglicher Ring, hohl

Fleisch ■ weich, jung weiß, bald schwarz zerfließend

Geruch ■ angenehm

Geschmack ■ angenehm

Einer der wenigen essbaren Tintlinge steht oft massenhaft im Frühjahr bis Herbst auf gedüngten Wiesen und Weiden, an Straßen- und Wegrändern oder in lichten Wäldern. Nur die jungen Exemplare mit weißen Lamellen sind hervorragend zum Braten oder für Mischpilzgerichte geeignet. Die Pilze müssen rasch verarbeitet werden. Zum Konservieren eignen sie sich nicht. Kaum zu verwechseln. *Weitere Namen:* Spargelpilz, Porzellantintling

Behangener Faserling
Psanthyrella candolleana

Oft schon im Frühsommer und bis in den Herbst hinein wächst der Faserling auf totem Laubholz, an oder in der Nähe von morschen Baumstümpfen im Laubwald, an Wegrändern und in Gärten. Man findet ihn büschelig oder in Gruppen. Er ist ein Speisepilz, nicht sehr ergiebig, aber als Mischpilz geeignet. Faserlinge sind im Allgemeinen sehr dünnfleischig und zerbrechlich. Die Unterscheidung von anderen zum Teil ungenießbaren Faserlingen ist für unerfahrene Sammler etwas schwierig.
Weiterer Name: Lilablättriger Saumpilz

Merkmale

Hut ■ ø 2–6 cm, jung weißlich bis cremefarben mit dunklerer Mitte, später oder feucht bräunlich, Oberfläche matt, längsfaserig, dünnfleischig, jung Rand mit Hüllresten
Lamellen ■ eng stehend, jung weißlich grau-lila, dann violettbraun, am Stiel angewachsen, Sporenpulver violettbraun
Stiel ■ schlank, weiß, angedeutet faserig, alt hohl, brüchig
Fleisch ■ weiß, brüchig
Geruch ■ unauffällig
Geschmack ■ mild

Mai
Okt

Tränender Faserling

Lacrymaria lacrymabunda

Juni
Okt

Merkmale

Hut ■ ø 3–10 cm, graubeige, ocker bis rötlich braun, Oberfläche filzig-faserig, jung halbkugelig, später gewölbt bis ausgebreitet, Rand vergänglich faserig gesäumt

Lamellen ■ eng stehend, bräunlich, später schwarzbraun, jung mit wässrigen Tröpfchen, Sporenpulver schwarzbraun

Stiel ■ schlank, weißlich oder wie Hut gefärbt, faserig, Ringzone angedeutet faserig, alt hohl, brüchig

Fleisch ■ dünn, schwach bräunlich, brüchig

Geruch ■ würzig

Im Sommer und Herbst erscheint dieser Pilz gesellig an Weg- und Straßenrändern, vielfach zwischen Brennnesseln, auf gedüngten Feldern und Wiesen. Er hat keinen Speisewert. Sein Name rührt von den wässrigen Tröpfchen an den Lamellen der noch jungen Pilze her. Später trocknen diese, vom Sporenpulver schwarz gefärbt, ein und hinterlassen schwarze Flecken.

Weiterer Name: Tränender Saumpilz

Kirschroter Saftling

Hygrocybe coccinea

Ein seltener und deshalb schonenswerter Pilz. Jung augenfällig rot gefärbt, findet man ihn in Ringen oder kleinen Gruppen auf feuchten Wiesen und Weiden. Er wächst im Spätsommer und Herbst. Der Pilz ist nicht giftig, jedoch ohne Speisewert. Saftlinge sind meist sehr farbenfrohe Pilze. Witterungsbedingt verblassen die Farben, dann ist die Unterscheidung zu anderen Saftlingen schwieriger. In Deutschland sind Saftlinge geschützt.

Merkmale

Hut ■ ø 2–5 cm, intensiv blutrot, bald ausblassend zu ocker, Oberfläche glatt, feucht klebrig, jung halbkugelig, dann kegelförmig mit stumpfem Scheitel
Lamellen ■ weit stehend, rotorange, später gelborange, wächsern, am Stiel ausgebuchtet angewachsen, Sporenpulver weiß
Stiel ■ blutrot, Basis dottergelb, längsfaserig, glatt, hohl
Fleisch ■ rot bis orange, brüchig
Geruch ■ unauffällig

Sept
Nov

Papageigrüner Saftling *Hygrocybe psittacina*

Aug
Nov

Merkmale

Hut ■ ø 1–4 cm, grün, gelbgrün, grün-orange bis orange oder violett, später ausblassend, Oberfläche feucht stark schleimig, trocken glänzend, jung halbkugelig bis glockenförmig, dann gewölbt bis ausgebreitet
Lamellen ■ weit stehend, grünlich grau, später orangegelb, wächsern, am Stiel ausgebuchtet angewachsen, Sporenpulver weiß
Stiel ■ dünn, im oberen Teil grünlich, abwärts gelb bis orange, schleimig, zerbrechlich, alt hohl
Fleisch ■ dünn, weißlich, grün-, gelb-, orangefarben getönt
Geruch ■ unauffällig

Ein kleiner, farbenprächtiger Pilz, der im Sommer und Herbst auf Wiesen und Weiden oder am Waldrand wächst. Er ist schwach giftig, in größeren Mengen führt er zu Magen- und Darmstörungen. Wie auch andere Saftlinge gehört er zu den geschützten Arten. Er ist farblich sehr variabel, deshalb ist eine Verwechslung in seltenen Fällen mit anderen Saftlingen möglich.

Weiterer Name: Papageiensaftling

Graublättriger Schwefelkopf *Hypholoma capnoides*

Hauptsächlich im Herbst und in milden Wintern, aber auch in kühlen Frühsommern wächst dieser Pilz in Büscheln an morschen Baumstümpfen von Nadelholz. Er bevorzugt Kiefer und Fichte. Unter den Schwefelköpfen, die insgesamt etwa 10 Arten umfassen, ist er der einzig Essbare. Ein wohlschmeckender Pilz, der sich gut als Mischpilz eignet und zum Trocknen und Einfrieren. Ein giftiger Doppelgänger dieser Gattung ist der *Grünblättrige Schwefelkopf*.

Weiterer Name: Rauchblättriger Schwefelkopf

Merkmale

Hut ■ ø 2–6 cm, hell- bis braungelb mit orangebrauner Mitte, Oberfläche trocken glatt, feucht schmierig, jung gewölbt, später flacher, oft bucklig, am Rand oft Hüllreste

Lamellen ■ eng stehend, hell- bis aschgrau, alt purpurbraun, am Stiel angewachsen, Sporenstaub purpurbraun

Stiel ■ schlank, gebogen, hellgelb, im unteren Teil rostbraun und faserig, hohl

Fleisch ■ dünn, weich, weißlich bis gelblich

Geruch ■ angenehm

Geschmack ■ mild

Sept
Dez

Ziegelroter Schwefelkopf *Hypholoma sublateritium*

April
Dez

Merkmale

Hut ■ ø 3–9 cm, ziegelrot mit hellerem Rand, Oberfläche glatt, jung halbkugelig, dann gewölbt, später ausgebreitet und bucklig, am Rand oft Hüllreste
Lamellen ■ eng stehend, gelbgrau bis olivgrau, alt braun, am Stiel ausgebuchtet angewachsen, Sporenstaub braun
Stiel ■ schlank, gebogen, hellgelb, im unteren Teil rötlich braun längs gefasert, hohl, manchmal angedeutete Ringzone
Fleisch ■ dünn, hellgelb im Hut, in der Basis bräunlich
Geruch ■ etwas muffig

Ab Frühjahr bis Spätherbst findet man diesen Schwefelkopf auf totem Laubholz, meist an morschen Baumstümpfen oder -wurzeln in Wäldern und Parkanlagen. Er kommt häufig vor und wächst in Büscheln oder gesellig. Der Pilz ist ungenießbar, sein Fleisch schmeckt bitter. Verwechslung mit anderen Schwefelköpfen oder mit dem *Stockschwämmchen*, mit dem er die Vorliebe für den Standort teilt.

Grünblättriger Schwefelkopf *Hypholoma fasciculare*

Ein Giftpilz, der von Frühjahr bis Herbst und auch in milden Wintern häufig in Erscheinung tritt. Er wächst büschelig an morschem Nadel- und Laubholz, sowohl an Baumstümpfen als auch auf vergrabenem Holz. Vergiftungssymptome sind Brechdurchfälle und Magenbeschwerden. Dem essbaren *Graublättrigen Schwefelkopf* äußerlich ähnlich, unterscheidet er sich deutlich durch bitteren Geschmack und andersfarbige Lamellen.

Weiterer Name: Bitterer Schwefelkopf

Merkmale

Hut ■ ø 2–6 cm, hell- bis schwefelgelb mit orangebrauner Mitte, Oberfläche glatt, jung halbkugelig, später ausgebreitet und bucklig, am Rand oft Hüllreste

Lamellen ■ eng stehend, grünlich gelb, später olivbraun, am Stiel angewachsen, Sporenstaub braun

Stiel ■ schlank, hellgelb, im unteren Teil rostbraun und faserig, hohl, manchmal angedeutete Ringzone

Fleisch ■ dünn, schwefelgelb

Geruch ■ leicht säuerlich

Jan
Dez

Grünspanträuschling

Stropharia aeruginosa

Aug
Nov

Merkmale

Hut ■ ø 3–10 cm, blaugrün, alt blass ockerfarben, Oberfläche jung schleimig, mit weißen vergänglichen Hüllresten besonders am Rand beflockt, alt kahl, jung halbkugelig, dann gewölbt bis ausgebreitet mit kleinem Buckel, Rand lange eingebogen, Haut leicht abziehbar

Lamellen ■ eng stehend, grauweiß, später braunviolett, am Stiel angewachsen, Sporenpulver braunviolett

Stiel ■ schlank mit Ring, über dem Ring weißlich, glatt, darunter blass hutfarben und weiß geschuppt, jung schleimig

Fleisch ■ dünn, weißlich bis leicht grünlich

Geruch ■ leicht rettichartig

Geschmack ■ leicht rettichartig

In der Pilzhauptsaison begegnet man diesem Träuschling in Laub- und Nadelwäldern häufig. Meistens wächst er gesellig an morschen Baumstümpfen oder vergrabenem Holz, gelegentlich auch auf dem Waldboden. Zieht man die Huthaut ab, ist dieser Pilz essbar. Am besten lässt er sich als Mischpilz verarbeiten. Zum Trocknen eignet er sich nicht, Einfrieren ist möglich. Ähnlichkeit mit dem essbaren Blauen Träuschling. Kennzeichen von Träuschlingen (Stropharia) sind schmierig-schleimige Hüte meist in lebhaften Farben.

Krönchenträuschling *Stropharia coronilla*

Trockene Wiesen und Weiden, Parkanlagen oder Wegböschungen sind die bevorzugten Standorte dieses Pilzes, der von Sommer bis Frühherbst einzeln oder in kleiner Anzahl erscheint. Er ist kein Speisepilz. Er steht unter Verdacht, schwach giftig zu wirken. Verwechslung ist möglich mit dem ungenießbaren Hyalinweißen Träuschling, der einen schwachen, vergänglichen Ring besitzt.

Merkmale

Hut ■ ø 2–5 cm, weißlich, gelblich oder ockergelb, Oberfläche glatt, feucht schmierig, manchmal Hüllreste am Rand, jung halbkugelig, später flach gewölbt, dickfleischig
Lamellen ■ eng stehend, jung graulila, dann violett altpurpurbraun, am Stiel angewachsen, Sporenpulver purpurbraun
Stiel ■ kräftig, weißlich, schmaler, anliegender, geriefter Ring
Fleisch ■ weißlich, fest
Geruch ■ leicht rettichartig

Juni
Okt

Riesenträuschling *Stropharia rugosoannulata*

Juni
Okt

Merkmale

Hut ■ ø 6–20 cm, rotbraun bis ockerbraun, Oberfläche jung matt, feinfilzig, alt glatt, glänzend, jung halbkugelig, dann gewölbt bis flach, bisweilen gesenkte Mitte, dickfleischig, Rand lange eingerollt mit Hüllresten, alt oft eingerissen
Lamellen ■ eng stehend, graulila, später braunviolett, am Stiel angewachsen, Sporenpulver braunviolett
Stiel ■ kräftig, bisweilen bauchig oder knollig, weißlich, später ocker gefleckt, dicker, oben geriefter vergänglicher Ring
Fleisch ■ fest, weißlich, unter Hut gelblich
Geruch ■ leicht rettichartig
Geschmack ■ leicht rettichartig

Dieser stattliche, gesellige Pilz, der auch kultiviert und im Handel als Braunkappe angeboten wird, hat eine Vorliebe für gedüngte Böden, erscheint auf Feldern, in Parkanlagen und Gärten auf Häcksel, Stroh- und Heuabfällen. Er ist ein ergiebiger Speisepilz, lässt sich gut braten oder abgekocht in Essig einlegen. Ungenügend erhitzt kann er Verdauungsbeschwerden hervorrufen. Verwechslung möglich mit essbaren Champignons oder dem *Üppigen Träuschling*, der jedoch im Nadelwald in Berglagen wächst.
Weiterer Name: Rotbrauner Riesenträuschling

Schuppiger Träuschling *Stropharia squamosa*

Relativ häufig trifft der Sammler an lichten Waldstellen im Sommer und Herbst auf diesen Träuschling. Der Pilz wächst einzeln oder in kleinen Gruppen auf morschem Holz oder am Waldboden auf vergrabenem Totholz. Der Pilz ist giftverdächtig und deshalb kein Speisepilz. Zu Verwechslung könnte es mit einigen ungenießbaren Ackerlingen kommen. Merkmale der Gattung Stropharia sind braune, oft lila getönte Lamellen und braunes bis violettschwarzes Sporenpulver. Die Pilze sind fleischig.

Merkmale

Hut ■ ø 2–5 cm, ocker bis orangebräunlich, Oberfläche klebrig, mit weißen kleinen Schüppchen, jung halbkugelig, dann gewölbt bis ausgebreitet, Rand jung mit Hüllresten
Lamellen ■ eng stehend, creme, später braun bis schwärzlich, am Stiel angewachsen, Sporenpulver purpurbraun
Stiel ■ lang, schlank, auf ockerfarbenem Grund weiß geschuppt, vergänglicher Ring
Fleisch ■ weißlich, im Stiel gelblich
Geruch ■ unauffällig

Aug
Nov

Spitzkegeliger Kahlkopf *Psilocybe semilanceata*

Aug
Okt

Merkmale

Hut ■ ø 0,5–2 cm, trocken ocker bis fahlgelb, feucht gelb- bis olivbraun, Oberfläche feucht schmierig, spitzkegelig bis glockenförmig, Huthaut abziehbar, Rand nach innen gebogen, fein gerieft
Lamellen ■ eng stehend, jung graubräunlich, alt rostbraun, am Stiel angewachsen, Sporenpulver dunkelbraun
Stiel ■ lang, dünn, gelblich bis bräunlich, zur Basis hin blass blaugrünlich, glänzend, Basis weiß filzig, hohl
Fleisch ■ dünn, gelblich
Geruch ■ unauffällig

Auf Guppen dieses kleinen Pilzes trifft man auf Viehweiden oder an Wegrändern. Er ist kein Speisepilz und zählt zu den Giftpilzen. Der Kahlkopf enthält Psilocybin. Weltweit gibt es etwa 150 Pilze der Gattung Psilocybe, viele davon mit dem halluzinogenen Stoff. Bei Aufnahme größerer Mengen kann es zu Halluzinationen kommen mit anfänglicher Übelkeit und Magenproblemen. Unter Umständen treten Angstgefühle, Depression und Verwirrtheit auf. Verwechslung mit anderen kleinen Wiesenpilzen ist möglich.

Stockschwämmchen *Pholiota mutabilis*

Von Frühjahr bis Winter wächst dieser ausgezeichnete Speisepilz im Laub- und Nadelwald in dichten Büscheln auf totem Holz, hauptsächlich auf Stämmen oder Stümpfen von Laubbäumen, selten Nadelbäumen. Er eignet sich bestens für alle Arten von Zubereitung und Haltbarmachung. Große Ähnlichkeit besteht zu dem äußerst gefährlichen Gifthäubling oder zum giftigen *Grünblättrigen Schwefelkopf*. Deshalb sollten unerfahrene Pilzfreunde diesen Pilz nicht sammeln oder ihren Fund sicherheitshalber von einem Pilzfachmann überprüfen lassen.

Merkmale

Hut ■ ø 3–6 cm, gelbbraun bis zimtbraun mit hellerer Mitte, bei Feuchtigkeit sind die hellen und dunklen Zonen deutlich erkennbar, Oberfläche glatt, glänzend, jung glockenförmig, später ausgebreitet mit schwachem Buckel
Lamellen ■ eng stehend, jung hellbräunlich, alt braun, am Stiel leicht herablaufend, Sporenstaub rostbraun
Stiel ■ schlank, gelbbräunlich, hoch sitzender, aufsteigender, oft vergänglicher Ring, darüber glatt, darunter bis zur Basis dunkelbraun geschuppt, oft gebogen, alt hohl
Fleisch ■ dünn, weißlich, blassbraun und zäh im Stiel, brüchig
Geruch ■ angenehm würzig
Geschmack ■ mild

Mai
Dez

Löwengelber Dachpilz *Pluteus leoninus*

Juni – Sept

Merkmale

Hut ■ ø 2–6 cm, zitronengelb, goldgelb, Mitte oft bräunlich, Oberfläche matt, von der Mitte aus feinstreifig, jung kegelig-glockenförmig, später ausgebreitet mit Buckel
Lamellen ■ mäßig eng stehend, blass creme, später rosa, am Stiel frei, Sporenpulver rosa
Stiel ■ schlank, oft gebogen, Basis verdickt, jung weiß, später gelblich, längs gefasert, zerbrechlich
Fleisch ■ dünn, weiß, weich
Geruch ■ unauffällig

Ein kleiner leuchtend gelber Pilz, der im Sommer und Herbst auf morschem Laub- und Nadelholz wächst. Er eignet sich nicht als Speisepilz. Von den Dachpilzen (Pluteus) gibt es in Mitteleuropa etwa 50 Arten, von denen bis auf wenige Ausnahmen alle saprophytisch auf totem Holz leben, d. h., sie beziehen ihre Nährstoffe aus abgestorbenem organischem Material. Gemeinsame Merkmale sind fehlender Ring und rosa Sporenpulver.

Rehbrauner Dachpilz

Pluteus cervinus

Einzeln oder in kleinen Gruppen wächst dieser Dachpilz auf morschen Baumstümpfen und Holzabfällen. Man findet ihn im Frühjahr und Herbst auch außerhalb des Waldes auf Lagerholz. Dieser Pilz ist essbar und eignet sich gut als Mischpilz. Es gibt mehrere nahe verwandte Arten. Beachtet man den Standort, dann ist eine Verwechslung nur mit anderen essbaren Dachpilzen möglich. Der seltene giftige *Graue Dachpilz* unterscheidet sich farblich.

Weiterer Name: Hirschbrauner Dachpilz

Merkmale

Hut ■ ø 4–15 cm, hell- bis dunkelbraun, oft mit dunklerem Zentrum, Oberfläche feucht schmierig, trocken matt bis leicht glänzend, von der Mitte aus gerillt, jung kegelig bis glockenförmig, später gewölbt bis ausgebreitet mit flachem Buckel

Lamellen ■ eng stehend, weiß, später rosa, am Stiel nicht angewachsen, Sporenpulver rosa

Stiel ■ schlank, Basis oft verdickt, weißlich, graubräunlich längs gefasert, zerbrechlich

Fleisch ■ dünn, weiß, weich

Geruch ■ leicht rettichartig

Geschmack ■ mild

April
Nov

Grauer Dachpilz *Pluteus salicinus*

Mai
Sept

Merkmale

Hut ■ ø 2–7 cm, silbergrau, graugrün, Mitte dunkler, Oberfläche glatt, von der Mitte aus fein gestreift, jung gewölbt, später flach gewölbt mit flachem Buckel
Lamellen ■ mäßig eng, weiß, später rosa, am Stiel frei, Sporenpulver rosabräunlich
Stiel ■ schlank, oft gebogen, weiß, fein längs gefasert
Fleisch ■ dünn, weißlich, weich
Geruch ■ unauffällig

In feuchten Wäldern kann man manchmal den seltenen Pilz auf morschem Laubholz finden. Er ist kein Speisepilz. Er ist schwach giftig und enthält Psilocybin, einen Stoff, der Rauschzustände und Halluzinationen verursacht. Der Pilz gehört zu den Folgezersetzern (Saprophyt) an Holz. Sie spielen eine wichtige Rolle bei der Entsorgung von abgestorbenem Holz im Wald. Sie zersetzen das tote Holz und bereiten es wieder zu Humus auf.

Weiterer Name: Grünlichgrauer Dachpilz

Orangefuchsiger Raukopf

Cortinarius orellanus

Ein wärmeliebender Pilz, der in unseren Breiten selten, in wärmeren Gebieten Europas weit verbreitet ist. Im Spätsommer oder Frühherbst taucht er in kleinen Gruppen im Laubwald mit saurem Boden vor allem unter Eichen auf. Er ist extrem giftig, enthält Orellanin, ein Nervengift, das irreparable Nierenschäden hervorruft und bis zum Tod führt. Die Latenzzeit ist sehr lange und kann von einigen Tagen bis mehr als zwei Wochen betragen. Verwechslungen mit anderen extrem giftigen Rauköpfen möglich.

Merkmale

Hut ■ ø 3–8 cm, rostbraun bis orangebraun, Oberfläche trocken faserig, alt kahl, halbkugelig bis kegelig, dann gewölbt bis ausgebreitet mit flachem Buckel, bisweilen wellig, Rand anfangs eingerollt
Lamellen ■ mäßig weit, rostbraun, Sporenpulver rostbraun
Stiel ■ schlank, zur Basis verjüngt, gelblich, später rostbraun, keine Ringzone
Fleisch ■ gelblich, unter dem Hut rostbraun, fest
Geruch ■ unauffällig

Aug
Okt

Schleiereule

Cortinarius praestans

Merkmale

Hut ■ ø 5–15 cm, mitunter bis 25 cm, schokoladenbraun, braunviolett, Oberfläche glatt, feucht schmierig, Randzone im Alter gefurcht, jung kugelig, von der Hülle vollständig überzogen, dann gewölbt bis flach, Rand eingerollt
Lamellen ■ eng stehend, jung weißlich, dann grauviolett bis gelbbraun, Sporenpulver rostbraun
Stiel ■ lang, kräftig, knollige Basis, weißlich bis hellviolett, ringartige bräunliche Zone
Fleisch ■ weißlich bis lila, fest
Geruch ■ unauffällig
Geschmack ■ mild

Sept
Nov

Ein Herbstpilz, der im Laubwald und seltener auch im Nadelwald auf kalkhaltigen Böden wächst. Er ist ein ausgezeichneter Speisepilz, steht aber auf der Roten Liste der schützenswerten Großpilze. Als Sammler sollte man darauf Rücksicht nehmen. Junge Exemplare können mit anderen giftigen Schleierlingen verwechselt werden.
Weiterer Name: Blaugestiefelter Schleimkopf

Schöngelber Klumpfuß *Cortinarius splendens*

Ein Giftpilz, der im Herbst unter Buchen auf kalkhaltigem Boden einzeln oder in Gruppen zu finden ist. Es gibt mehrere gelbe Schleierlinge, mit denen eine Verwechslung möglich wäre. Als Faustregel gilt: Lebhaft gelbe Lamellenpilze mit gelbem Fleisch sind keine Speisepilze. Schleierlinge sind Mykorrhizapilze. Sie gehen mit anderen Pflanzen Lebensgemeinschaften zum beiderseitigen Vorteil ein (Symbiosen).

Merkmale

Hut ■ ø 3–7 cm, leuchtend goldgelb, zur Mitte oft orangebraun, Oberfläche stark schleimig, jung halbkugelig, dann flach gewölbt bis ausgebreitet und gewellt
Lamellen ■ eng stehend, lebhaft goldgelb, alt rostgelblich, am Stiel ausgebuchtet angewachsen, Sporenpulver rostbraun
Stiel ■ kräftig, knollige Basis mit deutlichem Rand, leuchtend goldgelb, zum Teil mit orangebraunen, faserigen Hüllresten
Fleisch ■ leuchtend gelb
Geruch ■ modrig

Sept
Nov

Semmelgelber Schleimkopf *Cortinarius varius*

Juli – Okt

Merkmale

Hut ■ ø 3–10 cm, gelborange bis gelbbraun mit rötlich brauner, dunklerer Mitte, Oberfläche glatt, trocken glänzend, feucht schleimig, jung halbkugelig, später flach gewölbt bis ausgebreitet, Hutrand anfangs eingerollt mit Hüllresten
Lamellen ■ mäßig eng stehend, blasslila, dann rostbraun, am Stiel angewachsen, Sporenpulver rostbraun
Stiel ■ kräftig, zur Basis keulig, weißlich, später bräunlich
Fleisch ■ weiß, fest
Geruch ■ angenehm würzig
Geschmack ■ mild

Nadelwälder in Gebirgslagen sind Standort dieses Schleierlings. Häufig ist er im Sommer bis Herbst auf Kalkböden unter Fichten zu finden. Als Speisepilz vielseitig verwendbar, wenn der leicht bittere Schleim am Hut zurvor unter fließendem Wasser entfernt wird. Auch zum Trocknen und Einfrieren geeignet. Verwechslungen sind mit anderen Schleierlingen möglich, von denen viele giftig sind.
Weiterer Name: Ziegelgelber Schleimkopf

Gefleckblättriger Flämmling

Gymnopilus penetrans

Dieser im Sommer und Herbst sehr häufig anzutreffende Pilz gedeiht einzeln oder gesellig vor allem auf totem, stark morschem Nadelholz, seltener auch auf Laubholz, sowie auf Sägemehl. Er ist wie alle Flämmlinge ungenießbar. Merkmale dieser Gattung sind gelbe Lamellen, gelbes Fleisch und rostbraunes Sporenpulver. Die Pilze wachsen saprophytisch auf Totholz.

Merkmale

Hut ■ ø 2–6 cm, goldgelb bis orangebraun, in der Mitte dunkler, Oberfläche glatt, feucht etwas schmierig, jung gewölbt, dann flach, manchmal mit Buckel
Lamellen ■ eng stehend, hellgelb, dann rostbraun gefleckt, alt rostbraun, am Stiel angewachsen bis etwas herablaufend, Sporenpulver rostbraun
Stiel ■ schlank, hellgelb, stark längs gefasert, Basis oft mit weißem Filz, undeutliche Ringzone, alt hohl
Fleisch ■ gelblich, im Stiel rotbraun
Geruch ■ schwach modrig

Aug
Nov

Ziegelroter Risspilz

Inocybe erubescens

Mai
Juli

Merkmale

Hut ■ ø 3–9 cm, anfangs weißlich, strohfarben, später rotbräunlich, an verletzten Stellen und auf Druck ziegelrot färbend, Oberfläche radialfaserig mit Rissen am Rand, jung kegelig oder glockenförmig, später flach ausgebreitet mit kräftigem stumpfem Buckel
Lamellen ■ eng stehend, jung weißlich bis rosa, später olivbraun, jung sehr langsam (manchmal nach Stunden) rötend, Sporenpulver ockerbraun
Stiel ■ kurz, kräftig, jung weiß, später strohgelb, dann rötlich, längsfaserig, auf Druck rötend
Fleisch ■ weiß, im Anschnitt rötlich färbend
Geruch ■ fruchtig, süßlich

Im Frühjahr kann man den äußerst giftigen Pilz auf kalkhaltigen Böden in Laubwäldern und in Parkanlagen finden. In manchen Jahren erscheint der gesellige Risspilz häufiger, vor allem nach starken Regenfällen. Schon kurz nach Pilzverzehr treten heftige Bauchkrämpfe, Erbrechen, Durchfall und eventuell auch Sehstörungen und Herz- und Blutdruckprobleme auf. Verwechslungsgefahr mit dem essbaren *Maipilz* und dem *Nelkenschwindling*. Es gibt mehr als 150 Arten dieser Gattung, viele davon sind giftig. Wegen der Verwechslungsgefahr sollten Risspilze nicht gesammelt werden.

Gifthäubling

Galerina marginata

Dieser hochgiftige Pilz wächst im Sommer und Herbst meist gesellig, auch in Büscheln und gelegentlich einzeln, auf morschen Nadelbäumen und besonders im Flachland auch an Laubbäumen. Der Pilz enthält dieselben Gifte wie der Knollenblätterpilz. Nach einer Latenzzeit von 6 bis zu 24 Stunden kommt es zu schweren Durchfällen und Erbrechen, Leberschäden und bei Leberversagen zum Tod. Verwechslungen vor allem mit ebenfalls an Holz wachsenden Pilzen. Sehr ähnlich sieht das essbare *Stockschwämmchen* aus. Der essbare Samtfußrübling und *Graublättrige Schwefelkopf* sowie der giftige *Grünblättrige Schwefelkopf* und *Ziegelrote Schwefelkopf* sind ebenfalls Doppelgänger.

Merkmale

Hut ■ ø 1,5–4 cm, farbvariabel, feucht honig-, ocker- oder rötlichbraun, Oberfläche klebrig, schmierig, trocken von der Mitte aus gelbbraun ausblassend, jung halbkugelig bis glockenförmig, dann ausgebreitet mit flachem Buckel, geriefter Rand

Lamellen ■ eng stehend, gelbbraun bis rostbraun, am Stiel meist angewachsen bis herablaufend, Sporenpulver rostbraun

Stiel ■ schlank, gelbbraun, zur Basis hin dunkler braun, silbrig gefasert, jung schmaler, häutiger, vergänglicher Ring, später Ringreste

Fleisch ■ braunocker

Geruch ■ mehlig

Aug
Nov

Echter Reizker

Lactarius deliciosus

Aug
Okt

Merkmale

Hut ■ ø 5–12 cm, blass orange ocker bis orangerötlich mit rotgelben Zonen, jung flach gewölbt, nach unten gebogener Rand, Mitte eingesunken, später trichterförmig, Oberfläche feucht schleimig

Lamellen ■ dünn, eng, leicht herablaufend, gelblich orange, grün bis dunkelgrün nach Verletzungen, Sporenpulver hell ockergelb

Stiel ■ kurz, wie der Hut gefärbt, mit dunkleren Flecken, verletzt grünlich verfärbend, alt hohl

Fleisch ■ fest, weißlich, blassorange, bei Verletzungen wird karottenrote Milch abgesondert, die sich später grünlich verfärbt

Geruch ■ obstartig

Geschmack ■ mild bis leicht bitter

Im Sommer und Herbst wächst dieser Pilz unter Kiefern im Nadelwald, vorzugsweise auf Kalkböden. Man findet ihn meist in Gruppen in der Nadelstreu. Ein ausgezeichneter Speisepilz, der sich zum Braten, Blanchieren und Panieren eignet. Der etwas bittere Beigeschmack verliert sich, wenn der Pilz vor der Zubereitung blanchiert wird. Verwechslung mit dem *Lachsreizker* oder dem *Fichtenreizker* oder Kiefernreizker möglich.

Weiterer Name: Edelreizker

Birkenreizker *Lactarius torminosus*

Im Sommer und Herbst findet man diesen Pilz in Wäldern und Parkanlagen unter Birken. Er bevorzugt saure Sand- oder Lehmböden und wächst meist in Gruppen. Dieser Milchling ist giftig. Scharfe Harze, die in der Milch enthalten sind, führen zu Übelkeit, Erbrechen und Durchfällen. Nur mit Hilfe spezieller Verfahren könnte dieser Reizker genießbar gemacht werden. Verwechslung mit anderen Milchlingen ist möglich. *Weiterer Name:* Birkenmilchling

Merkmale

Hut ■ ø 4–12 cm, blass lachsrosa bis fleischfarben mit dunkleren, konzentrischen Zonen, jung gewölbt, dann ausgebreitet mit gesenkter Mitte und zottigem Rand, alt trichterförmig, Oberfläche trocken matt, feucht leicht schmierig
Lamellen ■ dünn, dicht, jung weißlich, dann blassrosa bis fleischfarben, am Stiel etwas herablaufend, Sporenpulver hellgelblich
Stiel ■ glatt, weiß bis blassrosa, jung voll und fest, alt meist hohl, im Anschnitt schwach rostfarben
Fleisch ■ weiß bis rosa, Milch weiß, sehr scharf, wird bei Anschnitt reichlich abgesondert
Geruch ■ schwach obstig

Aug
Okt

Lachsreizker

Lactarius salmonicolor

Aug
Okt

Merkmale

Hut ■ ø 6–10 cm, orangegelblich mit leicht dunkleren Zonen, jung flach gewölbt mit eingerolltem Rand, später tichterförmig, Oberfläche trocken matt, feucht glänzend, schmierig
Lamellen ■ annähernd eng stehend, leicht herablaufend, hellocker bis orange, verletzt schwach grün fleckend, Sporenpulver hell ocker
Stiel ■ kurz, nach unten verjüngt, wie der Hut gefärbt, mit kräftig orangefarbenen ovalen Gruben, alt hohl
Fleisch ■ hart, creme, bei Verletzungen wird karottenrote Milch abgesondert, die nach ein bis zwei Stunden weinrot verfärbt
Geruch ■ obstartig, süßlich
Geschmack ■ mild bis leicht bitter

Unter Tannen im Nadelwald mit kalkhaltigem Boden kann der Sammler im Hochsommer bis in den Herbst hinein auf diesen Reizker treffen. Er ist ein guter Speisepilz, steht aber auf der Roten Liste unter den gefährdeten Arten. Der Sammler sollte dies berücksichtigen. Verwechselt werden könnte dieser Pilz mit seinen essbaren Verwandten, dem *Echten Reizker* und dem *Fichtenreizker*. Milchlinge sind Mykorrhizapilze, d. h., sie wachsen in Symbiose mit bestimmten Bäumen.

Fichtenreizker *Lactarius deterrimus*

Der Mykorrhiza-Partner dieses Reizkers ist die Fichte. Im Sommer und Herbst tritt er meistens gehäuft auf, oft in jungen Fichtenkulturen. Er ist ein guter Speisepilz, der sich zum Braten, Blanchieren und Einlegen in Essig eignet. Der Fichtenreizker enthält starke Bitterstoffe. Beim Erhitzen verliert sich der bittere Geschmack jedoch. Verwechslung möglich mit den nahen Verwandten dieser Art, beispielsweise mit dem *Lachsreizker* oder dem *Edelreizker*.

Merkmale

Hut ■ ø 3–10 cm, lachsfarben bis orangerötlich, im Alter grüne Flecken, Schnittstellen karottenrot, über weinrot zu grün wechselnd, jung gewölbt mit eingerolltem Rand, dann flach, eingesunkene Mitte, später trichterförmig, Oberfläche glänzend, feucht schmierig
Lamellen ■ orangeocker, grün fleckend, leicht herablaufend, Sporenpulver hellocker
Stiel ■ kurz, ähnlich wie der Hut gefärbt, mit dunkleren Flecken, verletzt grünlich verfärbend, alt hohl
Fleisch ■ weicher, blassgelb, bei Verletzungen wird karottenrote Milch abgesondert, die weinrot wird (nach ca. 15 Minuten), später grünlich (nach Stunden)
Geruch ■ obstartig
Geschmack ■ leicht bitter

Aug
Okt

Brätling, Milchbrätling

Lactarius volemus

Juni
Okt

Merkmale

Hut ■ ø 5–15 cm, gelb-, orange- bis rotbraun, orangegelb, jung halbkugelig mit eingerolltem Rand, dann flacher gewölbt, Rand oft eingedellt, Oberfläche matt, samtig

Lamellen ■ blass ockergelb, nach Verletzungen braun fleckend, am Stiel angewachsen, leicht herablaufend, Sporenpulver creme

Stiel ■ dick bis bauchig, etwas heller als der Hut, braun gefleckt an verletzten Stellen.

Fleisch ■ fest, weißlich, bei Verletzungen wird reichlich Milch abgesondert, die braun und klebrig eintrocknet

Geruch ■ fischig, besonders intensiv im Alter

Geschmack ■ mild

Der Pilz ist vergesellschaftet mit Eichen und Buchen und auch mit Tannen. Er wächst einzeln oder in kleinen Gruppen im Sommer und Herbst in Laub- und Nadelwäldern unter diesen Bäumen. Er zählt zu den guten Speisepilzen und eignet sich zum Braten. Der fischige Geruch verliert sich beim Erhitzen. Der Brätling gehört zu den gefährdeten Arten. Beim Sammeln sollte man dies berücksichtigen. Aufgrund der charakteristisch riechenden Milch ist der Pilz nicht leicht zu verwechseln.

Olivbrauner Milchling *Lactarius turpis*

Ein Pilz, der insbesondere in Symbiose mit Birken und Fichten in Laub- und Nadelwäldern lebt. Wachstumszeit ist Sommer und Herbst. Der Milchling ist ungenießbar. Verwechselt werden könnte er mit anderen ungenießbaren Milchlingen wie dem *Graugrünen Milchling* oder dem Braunfleckenden Milchling.

Weiterer Name: Tannenreizker

Merkmale

Hut ■ ø 5–12 cm, dunkelolivgrün bis -gelb, schwärzlich oliv, jung gewölbt, dann ausgebreitet mit gesenkter Mitte, eingerollter filziger Rand, Oberfläche trocken, leicht filzig, feucht schmierig

Lamellen ■ eng stehend, weißlich creme bis gelblich, oft olivbraune Flecken, Sporenpulver creme

Stiel ■ etwas heller als Hut, dunkel gefleckt, alt hohl

Fleisch ■ weiß, Milch weiß, dann grau

Geruch ■ unauffällig

Aug
Okt

Pfeffermilchling

Lactarius piperatus

Juli
Okt

Merkmale

Hut ■ ø 5–12 cm, weiß, schmutzig weiß, alt bräunlich gefleckt, jung gewölbt, eingerollter Rand, dann trichterförmig, Oberfläche trocken matt
Lamellen ■ eng stehend, weiß bis gelblich, verletzt braungelbliche Flecken, Sporenpulver weiß
Stiel ■ lang, schlank, weiß, glatt, unten verjüngt
Fleisch ■ weiß, fest, Milch weiß, dann gelblich
Geruch ■ unauffällig

Im Laubwald, häufig unter Buchen und Eichen, kann der Sammler diesen Pilz im Sommer und Herbst finden. Meistens wachsen mehrere Exemplare in Reihen oder zu Ringen angeordnet, den so genannten Hexenringen. Dieser Pilz ist einer der ungenießbaren Milchlinge. Verwechselt werden könnte er mit dem *Wolligen Milchling*.

Weiterer Name: Langstieliger Pfeffermilchling

Wolliger Milchling

Lactarius vellereus

Vor allem im Falllaub unter Rotbuchen und Eichen im Laub- und Mischwald erscheint dieser Milchling im Sommer und Herbst. Meist steht er in größeren Gruppen, manchmal auch ringförmig angeordnet zu einem so genannten Hexenring. Er ist ungenießbar wegen seines zähen, scharfen Fleisches. Eine Verwechslung mit dem ebenfalls ungenießbaren *Pfeffermilchling* ist möglich.

Merkmale

Hut ■ ø 8–20 cm, weißlich bis creme, jung gewölbt, dann flacher mit eingesunkener Mitte, trichterförmig, lange eingerollt bleibender Rand, Oberfläche jung schwach klebrig, dann trocken, filzig

Lamellen ■ annähernd eng stehend, gegabelt, weißlich bis creme, am Stiel herablaufend, Sporenpulver weißlich

Stiel ■ kurz, dick, Basis abgerundet, selbe Farbe wie Hut, glatt, Druckstellen rötlich fleckend

Fleisch ■ fest, weiß, Milch weiß, reichlich

Geruch ■ unauffällig

Aug
Nov

Grubiger Milchling

Lactarius scrobiculatus

Juli
Nov

Merkmale

Hut ■ ø 5–20 cm, zitronengelb oder goldgelb, mit dunkleren Schuppen gezont, jung gewölbt mit gesenkter Mitte, dann flacher, eingerollter Rand, später trichterförmig, Oberfläche trocken glänzend, feucht klebrig
Lamellen ■ eng stehend, creme bis gelblich, bei Verletzung leicht braunrötlich, Sporenpulver hellocker
Stiel ■ kurz, dick, auf weißem Grund gelblichbraune unregelmäßige Gruben, bald hohl
Fleisch ■ fest, blassgelb, Milch an Schnittstellen zuerst weiß, dann schwefelgelb.
Geruch ■ obstartig, schwach zitronenartig

Mit Fichten ist dieser Pilz vergesellschaftet. Häufig sieht man ihn im Sommer und Herbst in Fichtenwäldern, bevorzugt auf Kalkböden. Dieser Milchling ist ungenießbar. Er schmeckt bitter und scharf, sein Verzehr führt zu Übelkeit, Erbrechen und Durchfall. Die gelbe Milch und auffällige Färbung machen den Pilz gut unterscheidbar von anderen Milchlingen. *Weiterer Name:* Strohgelber Milchling

Frauentäubling

Russula cyanoxantha

Eine Lebensgemeinschaft mit Eichen und Rotbuchen in Laubwäldern, gelegentlich mit Fichten in Mischwäldern, bildet dieser Pilz, der von Frühsommer bis Herbst seine Fruchtkörper ausbildet. Er ist ein guter Speisepilz und unter den Täublingen einer der begehrtesten. Eignet sich ausgezeichnet als Mischpilz. Zum Trocknen ist er ungeeignet. Verwechslung mit anderen Täublingen wie dem essbaren Papageitäubling und Blaugrünen Reiftäubling möglich.

Weiterer Name: Blautäubling

Merkmale

Hut ■ ø 5–15 cm, Mischfarben in violett, grünlich, stahlblau, ocker, jung stark gewölbt, dann flacher, Mitte abgesenkt, später leicht trichterförmig, Oberfläche feucht schmierig, Huthaut nicht vollständig abziehbar, darunter rosafarben

Lamellen ■ eng stehend, weiß, elastisch (im Unterschied zu anderen Täublingen), Sporenpulver weiß

Stiel ■ fest, dick, weiß oder schwach lila

Fleisch ■ weiß, jung fest, alt mürbe

Geruch ■ unauffällig

Geschmack ■ mild

Juni
Okt

Gallentäubling

Russula fellea

Juli – Nov

Merkmale

Hut ■ ø 4–6 cm breit, gelblich bis ockergelb, in der Mitte dunkler von gelborange bis ockerbraun, gefleckt, jung halbkugelig, dann flach, oft mit eingesenkter Mitte, Oberfläche trocken matt

Lamellen ■ eng stehend, creme, dann ockergelb, am Stiel ausgebuchtet, Sporenpulver weißlich

Stiel ■ schlank, nach unten etwas breiter, Farbe wie Hut

Fleisch ■ fest, jung weißlich, dann schmutzig creme

Geruch ■ süßsäuerlich, senfähnlich

Dieser Täubling wächst hauptsächlich unter Buchen, bisweilen auch unter Eichen oder anderen Laubbäumen und seltener unter Nadelbäumen, hier vor allem Fichten. Er bevorzugt saure Böden und ist im Sommer und Herbst zu finden. Ein giftiger Pilz, dessen Verzehr heftige Verdauungsstörungen auslöst. Verwechslungen mit anderen gelbfarbenen Täublingen sind möglich, beispielsweise mit dem Ockertäubling. Die gelben Täublinge sind fast ausnahmslos als Speisepilze unbrauchbar.

Brauner Ledertäubling

Russula integra

Im Nadelwald meist unter Fichten, aber auch unter Tannen und Kiefern trifft man im Sommer und Herbst auf diesen Täubling. Er liebt kalkhaltige Böden. Zerstreut oder grüppchenweise steht er in der Nadelstreu. Sein nuss- oder mandelartiger Geschmack macht ihn zu einem guten Speisepilz. Er eignet sich ausgezeichnet als Mischpilz. Eine Verwechslung mit dem ebenfalls sehr schmackhaften *Wieseltäubling* ist möglich.

Merkmale

Hut ■ ø 5–12 cm, sehr farbvariabel von rotbraun, olivgelbbraun bis dunkelbraun, purpur oder ocker beigemischt, jung halbkugelig, dann flach mit eingesunkener Mitte, geriefter Rand, Oberfläche trocken matt, filzig, feucht klebrig
Lamellen ■ mäßig eng stehend, gegabelt, weiß, dann ocker, Sporenpulver kräftiges ocker
Stiel ■ weiß, selten rosastichig, feine Furchen
Fleisch ■ weiß, jung fest
Geruch ■ unauffällig
Geschmack ■ mild

Juni
Okt

Grüngefelderter Täubling

Russula virescens

Juli
Okt

Merkmale

Hut ▪ ø 6–12 cm, gelb- bis blaugrünlich, jung halbkugelig, dann flacher, oft mit eingesenkter Mitte, Oberfläche jung glatt, schwach klebrig, dann matt, schuppig, felderig aufreißend
Lamellen ▪ eng stehend, spröde, jung weiß, dann creme bis bräunlich, Sporenpulver weiß
Stiel ▪ hart, weiß, Basis oft bräunlich gefleckt, nach unten leicht verjüngt
Fleisch ▪ hart, weiß, dann leicht bräunlich
Geruch ▪ unauffällig
Geschmack ▪ mild, nussig

In Symbiose mit Eichen im Laubwald auf kalkarmen Böden und – wenn auch seltener – mit Fichten im Nadelwald gedeiht dieser Täubling. Er gilt als einer der guten Speisetäublinge. Sein Geschmacksaroma ist neutral. Er steht auf der Roten Liste unter den gefährdeten Arten, ein Sammler sollte dies berücksichtigen. Verwechslung mit dem essbaren *Frauentäubling* und dem unverträglichen Grasgrünen Täubling ist möglich.
Weiterer Name: Gefelderter Grüntäubling

Kiefernspeitäubling

Russula emetica

Dieser Speitäubling bevorzugt Kiefern in Nadelwäldern oder Mischwäldern auf trockenen Böden. Im Sommer und Herbst sieht man ihn häufig einzeln oder in kleinen Gruppen. Dieser Täubling ist ungenießbar, führt zu Übelkeit und Erbrechen, wenn er in größeren Mengen gegessen wird. Den Speitäubling gibt es in mehreren nahe verwandten Arten, die nur sehr schwer zu unterscheiden sind. Auch Ähnlichkeit zum essbaren *Speisetäubling*.

Merkmale

Hut ■ ø 2–8 cm, kräftig rot, hell- oder rosarot, jung halbkugelig bis kugelig, dann flach oder gewölbt, Oberfläche glatt glänzend
Lamellen ■ weiß, bisweilen grünlich reflektierend, Sporenpulver weiß
Stiel ■ weiß, fest
Fleisch ■ weiß, fest
Geruch ■ schwach obstartig

Juli
Okt

Speisetäubling

Russula vesca

Juni
Okt

Merkmale

Hut ■ ø 5–10 cm, fleischrot, rotbräunlich, ocker fleckig, jung stark gewölbt, dann flacher, Mitte abgesenkt, Oberfläche feucht klebrig, Huthaut endet 1–2 mm vor dem Außenrand, nicht vollständig abziehbar

Lamellen ■ eng stehend, weiß, rostfleckig, Sporenpulver weiß

Stiel ■ kurz, weiß, an der Basis verjüngt, oft rostfleckig

Fleisch ■ weiß, fest

Geruch ■ mild

Geschmack ■ nussig

Im Sommer und Herbst kommen die Fruchtkörper dieses essbaren Täublings häufig unter Eichen, Rotbuchen, Kiefern und Fichten in Laub- und Mischwäldern an die Oberfläche. Der Pilz bevorzugt kalkhaltige Böden und wächst einzeln oder in kleinen Gruppen. Er ist ein ausgezeichneter Speisepilz und als Mischpilz zum Braten und Dünsten geeignet. Verwechslung mit anderen roten, zum Teil ungenießbaren Täublingen, wie dem *Kiefernspeitäubling* möglich.

Weiterer Name: Roter Speisetäubling

Wieseltäubling

Russula mustelina

In Nadelwäldern der Mittelgebirge trifft der Sammler im Sommer und Herbst bisweilen unter Fichten massenweise auf diesen Pilz, während er im Flachland eher selten zu finden ist. Saure Böden sind bevorzugte Standorte. Dieser Täubling ist ein guter Speisepilz mit dem angenehmen Vorzug, nie unter Madenbefall zu leiden. Verwechselt werden könnte er mit dem *Braunen Ledertäubling*.

Merkmale

Hut ■ ø 6–15 cm, satt gelbbraun bis rotbraun, oft heller gefleckt, jung halbkugelig, dann flach mit eingesenkter Mitte, Oberfläche trocken matt, feucht schmierig
Lamellen ■ dicht, gegabelt, weißlich, dann gelblich, braunfleckig
Stiel ■ weiß, rostbraun gefleckt
Fleisch ■ weiß, sehr fest, schwach bräunend
Geruch ■ unauffällig
Geschmack ■ nussig

Juli
Okt

Pfifferling
Cantharellus cibarius

Juni
Nov

Merkmale

Hut ■ ø 2–6 cm breit, dotter- bis orangegelb, mit gesenkter Mitte und welligem, leicht eingerolltem Rand, Oberfläche trocken
Leisten ■ dottergelb, dick, am Stiel herablaufend, gegabelt, Sporenpulver helles Ockergelb
Stiel ■ schlank, fest, zur Basis verjüngt, gleiche Farbe wie Hut oder heller
Fleisch ■ fest, aber zart, weißlich
Geruch ■ fruchtig
Geschmack ■ anfangs schwach, dann pfeffrig

In Laub- und Nadelwäldern mit sauren, wasserdurchlässigen Böden ist einer der bekanntesten und begehrtesten Speisepilze im Sommer und Herbst zu finden. Er lässt sich gut braten und dünsten, schmeckt hervorragend zu Wildfleisch. Zum Konservieren eignet er sich nicht. Den Pfifferling gibt es in einigen Varietäten, z. B. in hellgelber Farbe oder lilafarben. Pfifferlinge stehen auf der Roten Liste als gefährdete Pilze. Beim Sammeln ist dies zu beachten. Sieht dem ungenießbaren *Falschen Pfifferling* ähnlich.
Weitere Namen: Echter Pfifferling, Eierschwamm, Rehling

Trompetenpfifferling

Cantharellus tubaeformis

Von Sommer bis in den Spätherbst wächst dieser Leistling in Laub- und Nadelwäldern mit feuchten, moosreichen Böden. Oft tritt er in großer Anzahl auf. Er ist essbar, sein Fleisch jedoch zäh und ohne besonderes Aroma. Sein Wert als Speisepilz ist daher unbedeutend. Verwechselt werden könnte er mit dem essbaren Goldstieligen Leistling. Der Trompetenpfifferling steht auf der Roten Liste der gefährdeten Großpilze und gilt als bedingt geschützt.

Weiterer Name: Herbstpfifferling

Merkmale

Hut ■ ø 2–6 cm, braungelb bis braun oder olivbraun, nass dunkler als trocken, jung abgesenkte Mitte, die sich immer tiefer absenkt bis offen in den Stiel hinein, Rand wellig, umgeschlagen, Oberfläche trocken, dünnfleischig

Leisten ■ graugelblich, dick, weit entfernt stehend, gegabelt am Stiel herablaufend, Sporenpulver hellgelb

Stiel ■ lang, schlank, hohl, gelbbräunlich, orangeocker

Fleisch ■ gelblich, zäh

Geruch ■ unauffällig

Geschmack ■ mild

Aug
Nov

Totentrompete

Craterellus cornucopioides

Aug
Okt

Merkmale

Fruchtkörper ■ 5–10 cm hoch, 2–6 cm breit, Innenseite graubraun bis schwärzlich, dunkler marmoriert, Außenseite aschgrau, graubräunlich, trompetenförmig hohl bis zum Grund, Rand umgeschlagen, später wellig und kraus, Oberfläche außen erst glatt, dann andeutungsweise Leisten, Sporenpulver weiß
Fleisch ■ dünn, elastisch
Geruch ■ unauffällig
Geschmack ■ mild

Hauptsächlich im Herbst findet der Sammler diesen Leistling unter Buchen und Eichen oder anderen Laubhölzern. Er liebt Lehm- und Kalkböden, steht häufig in großer Anzahl im Falllaub oder zwischen Moosbüscheln. Ein guter, schmackhafter Speisepilz, der sich gut ergänzt mit Fischgerichten oder getrocknet ein aromatisches Würzpulver ergibt. Er zählt zu den gefährdeten Arten, beim Sammeln ist dies zu berücksichtigen. Sehr charakteristischer Pilz, kaum zu verwechseln, evtl. mit essbarem Grauen Leistling.

Weiterer Name: Herbsttrompete

Herkuleskeule

Clavariadelphus pistillaris

In Laubwäldern mit kalkhaltigem Boden, bevorzugt unter Buchen wächst dieser Pilz im Sommer und Herbst. Man findet ihn im Falllaub, wo er einzeln oder in Gruppen steht. Er ist wegen des bitteren Geschmacks ungenießbar. Verwechslungen sind möglich mit der essbaren Abgestutzten Riesenkeule, die jedoch ihren Standort in Nadelwäldern hat.

Merkmale

Fruchtkörper ■ 6–20 cm hoch und bis zu 5 cm dick, hellgelb, später ocker bis bräunlich, auch mit Stich ins Rosa oder Violett, jung auf Druck bräunend, zuerst schlank, stabförmig, dann keulenförmig mit rundem Kopf, Oberfläche glatt, alt runzelig, gefurcht, Sporenpulver weißlich, überzieht den oberen dicken Teil des Pilzes
Fleisch ■ weich, später zäh, weißlich, im Anschnitt bräunend
Geruch ■ unauffällig

Aug
Okt

Kammkoralle

Clavulina cristata

Merkmale

Fruchtkörper ■ 2–5 cm hoch, jung weiß, dann weißlichgrau, auch hellgrau oder fleischfarben, korallenförmig verzweigt mit kammartig gezackten, abgeflachten Astenden, kurzer Stamm aus miteinander verwachsenen Ästen, Sporenpulver weiß
Fleisch ■ weiß, weich, brüchig
Geruch ■ unauffällig
Geschmack ■ unauffällig bis leicht bitter

Aug
Okt

Ein häufig anzutreffender Pilz im Laub- und Nadelwald. Die Kammkoralle bevorzugt feuchte Standorte, wächst gesellig auf feuchtem Humus, totem Holz oder auch an Wegböschungen. Grundsätzlich ist sie essbar, ihr Speisewert ist allerdings nicht hoch, da sie über kein nennenswertes Geschmacksaroma verfügt. Das Erscheinungsbild dieses Pilzes ist sehr variabel in Farbe und Form. Verwechslungen mit der essbaren Grauen Koralle oder der ungenießbaren Weißlichen Wiesenkoralle sind möglich.
Weitere Namen: Kammförmige Koralle, Kammförmiger Ziegenbart

Krause Glucke

Sparassis crispa

Im Sommer und Herbst findet man sie meist einzeln am Fuß von Kiefern oder seltener an anderen Nadelbäumen oder Baumstümpfen. Jung ist sie ein hervorragender Speisepilz, alt ist das Fleisch zäh und bitter. Wichtig ist, die Glucke sorgfältig zu waschen, um sie von Insekten zu befreien, die tief in den krausen Blättern sitzen können, und Erdpartikelchen oder Nadeln auszuschneiden, die beim Wachstum des Pilzes eingeschlossen wurden. Den Strunk entfernen. Eignet sich sehr gut als Mischpilz, dabei ist auf ausreichende Erhitzung zu achten, sonst drohen Magen-Darm-Störungen. Gut zu konservieren. Im Aussehen ähnlich ist die ebenfalls essbare seltene Breitblättrige Glucke.

Weiterer Name: Fette Henne

Merkmale

Fruchtkörper ■ ø bis 30 cm, weißlich, dann gelblich, alt braun, blumenkohlähnlich, mit krausen, gelappten Enden an kurzem dickem Strunk, Sporenpulver weiß
Fleisch ■ im Strunk weiß, wächsern
Geruch ■ würzig
Geschmack ■ nussig

Juni
Nov

Morchelbecherling

Disciotis venosa

April
Mai

Merkmale

Fruchtkörper ■ ø 5–15 cm variierend in hellen oder dunklen Brauntönen, Außenseite heller, jung schalenförmig, dann ausgebreitet, oft gewunden, gefaltet oder geadert, Oberfläche feinsandig, Sporenpulver farblos
Stiel ■ sehr kurz, breit, manchmal nicht vorhanden oder unter der Erde
Fleisch ■ weißlich bis gelblich, brüchig
Geruch ■ nach Chlor
Geschmack ■ unauffällig

Im Frühjahr kann man diesen Pilz in feuchten Laubwäldern und in Auwäldern an Bachläufen finden. Er ist ein guter Speisepilz, dessen stechender Geruch nach Chlor sich beim Kochen verliert. Gut geeignet zum Trocknen. Dieser Becherling steht auf der Roten Liste der gefährdeten Arten. Der Sammler sollte dies bedenken. Keine Verwechslung mit anderen Becherlingen bei Beachtung des charakteristischen Geruchs.
Weitere Namen: Gemeiner Morchelbecherling, Flatschmorchel, Aderiger Becherling

Speisemorchel

Morchella esculenta

Im Frühjahr wächst dieser begehrte Pilz in Laubwäldern, Auwäldern, gerne unter Eschen, Ulmen und Pappeln, an Bachläufen oder in Parkanlagen. Er bevorzugt kalkhaltige Böden. Ein hervorragender, aromatischer Speisepilz und eine Delikatesse, die sich für alle Zubereitungsarten eignet. Alte große Exemplare sind unbekömmlich. Die Morchel ist geschützt, nur für Eigenbedarf zu sammeln. Verwechslung mit der giftigen *Frühjahrslorchel* oder anderen Morcheln ist möglich.
Weitere Namen: Graue Morchel, Rundmorchel

Merkmale

Hut ■ 3–10 cm hoch, hellbeige, grauocker bis graubraun, eiförmig, rundlich, unregelmäßige Waben, innen hohl, mit dem Stiel verwachsen, Sporenpulver hellbraun
Stiel ■ weißlich bis blassocker, an der Basis verdickt, hohl
Fleisch ■ zart, sehr brüchig
Geruch ■ angenehm aromatisch
Geschmack ■ angenehm aromatisch

März
Mai

Spitzmorchel *Morchella conica*

Merkmale

April
Mai

Hut ■ 4–12 cm hoch, grau- bis olivbraun oder schwarzbraun, spitzkegelig bis oval, in Längsrichtung angeordnete Waben, innen hohl, mit dem Stiel verwachsen, Sporenpulver weißlich
Stiel ■ weißlich bis bräunlich, hohl
Fleisch ■ wächsern, brüchig
Geruch ■ mild
Geschmack ■ mild

Diese Morchel findet der Sammler im Frühjahr in Laub- und Nadelwäldern, in Auwäldern, im Gebüsch, auf feuchten Waldwiesen und in Parkanlagen. Ein hervorragender Speisepilz, der sich für alle Zubereitungsarten eignet. Besonders intensiv ist das Aroma getrockneter Spitzmorcheln. Die Morchel ist geschützt, darf nur für den Eigenbedarf gesammelt werden. Verwechslung mit der giftigen *Frühjahrslorchel* oder anderen Morcheln ist möglich.

Frühjahrslorchel, Giftlorchel *Gyromitra esculenta*

Bereits zu Beginn des Frühjahrs findet man diese Lorchel in Nadelwäldern mit sandigen Böden, insbesondere in Kiefernschonungen und auf Kahlschlägen. Sie tritt als Einzelexemplar oder in Gruppen auf und ist giftig. Die Latenzzeit des Giftes beträgt mehrere Stunden. Erste Vergiftungssymptome sind Übelkeit, Erbrechen, Durchfall, Kopf- und Bauchschmerzen, später kommen hohes Fieber, Kreislaufstörungen, Gelbsucht dazu bis hin zu totalem Leberversagen und Tod. Verwechslung mit *Speise-* und *Spitzmorchel* oder anderen Morcheln ist möglich.

Merkmale

Hut ■ 5–9 cm hoch und breit, rot- bis dunkelbraun, rundlich oder kegelförmig mit hirnartigen Windungen, innen in Hohlräume gegliedert, Sporenpulver weiß
Stiel ■ kurz, dick, gefurcht, gelblich bis grauweiß, alt hohl
Fleisch ■ weiß, wächsern, brüchig
Geruch ■ unauffällig

März
Mai

Beutelstäubling

Calvatia excipuliformis

Juli
Nov

Merkmale

Fruchtkörper ■ 8–15 cm hoch, von weiß über grauweiß, gelblich zu braun bei reifen Exemplaren, Stiel- und Kopfteil in Form eines Mörsers, äußere Haut mit weichen Stacheln, die später abfallen, beim reifen Pilz zerfällt der Kopfteil und Sporen entweichen. Der Stiel enthält keine Sporen
Fruchtmasse ■ jung weiß, später olivgrün bis dunkel olivbraun, Sporenpulver olivbraun bis braun
Geruch ■ schwach obstartig
Geschmack ■ scharf

In Laubwäldern, seltener in Nadelwäldern kann man diesen Stäubling den Sommer und Herbst über sehen. Einzeln oder grüppchenweise steht er im Gras oder im Falllaub. Der junge Pilz ist ein Speisepilz. Solange der Kopfteil fest und der Fruchtkörper innen weiß ist, kann man den Beutelstäubling braten. Er eignet sich auch als Mischpilz. Er hat kein besonderes Aroma, ist neutral im Geschmack. Kann mit dem *Flaschenstäubling* verwechselt werden.

Flaschenstäubling

Lycoperdon perlatum

Meistens dicht gedrängt in Gruppen wächst dieser Stäubling in Laub- und Nadelwäldern und an Wegrändern, auch auf morschen Baumstümpfen. Der junge Pilz ist ein guter Speisepilz, wobei die Stacheln der Außenhaut entfernt werden sollten. Er eignet sich hervorragend zum Braten, kann auch getrocknet und eingefroren werden. Kleine Pilze können mit den kugeligen Fruchtkörpern des jungen *Fliegenpilzes* verwechselt werden.

Merkmale

Fruchtkörper ■ 3–8 cm hoch, jung weiß, allmählich bräunend, Stiel- und Kopfteil birnenförmig, äußere Haut von Kopf und Stiel dicht mit Stacheln und Noppen besetzt, nach deren Abfallen bleibt eine Netzzeichnung, beim reifen Pilz am gewölbten Scheitel kleine rundliche Öffnung, aus der Sporen entweichen
Fruchtmasse ■ weiß, später gelblich bis olivbraun, Sporenpulver gelblich bis olivbraun
Geruch ■ jung angenehm
Geschmack ■ mild

Juli
Nov

Riesenbovist

Calvatia gigantea

Merkmale

Juni
Okt

Fruchtkörper ■ 15–40 cm, gelegentlich noch größer und bis zu mehrere Kilogramm schwer, annähernd rund, kein Stiel, äußere Haut weiß, glatt, samtig, zunehmend ocker bis braun. Bei Reife reißt die Haut ein und löst sich ab.
Fruchtmasse ■ jung weiß und fest, dann grüngelb schwammig, alt trocken und braun, Sporenpulver bräunlich
Geruch ■ jung unauffällig, dann unangenehm
Geschmack ■ mild

Diesen Giganten unter den Bauchpilzen kann man von Sommer bis Herbst auf stickstoffreichen, gedüngten Böden finden: auf Feldern, Brachäckern ebenso wie auf Wiesen, in Böschungen an Wegrändern, Waldrändern und Parkanlagen. Jung ist er ein Speisepilz. In Scheiben geschnitten kann man ihn wie ein Schnitzel panieren und braten. Zum Trocknen ungeeignet. Aufgrund seiner Größe – manche Exemplare haben die Größe eines Handballs – ist eine Verwechslung ausgeschlossen.

Bleigrauer Zwergbovist
Bovista plumbea

Auf Wiesen, Weiden und Rasenflächen in Parkanlagen oder an grasigen Wegrändern ist dieser Bovist im Sommer und Herbst zu finden. Meistens wächst er in kleineren Gruppen, gerne auf gedüngten Böden. Jung, d. h. solange das Fleisch fest und weiß ist, ist er essbar. Verwechslungen sind mit dem jungen Schwärzenden Bovist möglich. Alte Exemplare lösen sich oft vom Untergrund und werden vom Wind über die Ebene geweht, wobei Sporen verteilt werden.

Weiterer Name: Bleigrauer Bovist

Merkmale

Fruchtkörper ■ 1–4 cm breit, kugelförmig, weiß, reif bleigrau, Oberfläche glatt, blättert bald ab, darunter bleigraue Innenhaut, bei Reife rundliche Öffnung am Scheitel
Fruchtmasse ■ weiß, später oliv bis dunkelbraun, rötlich gelblich bis olivbraun, Sporenpulver olivbraun
Geruch ■ unauffällig
Geschmack ■ unauffällig

Juli
Okt

Kartoffelbovist

Scleroderma citrina

Juli
Nov

Merkmale

Fruchtkörper ■ ø 5–10 cm, kartoffelähnlich, knollig, mehr breit als hoch, hellbeige, gelblich bis ockerbraun, fast stiellos mit wurzelartiger Basis, Oberfläche der dicken, innen weißlichen Außenschicht schuppig, grob felderig, bei Reife unregelmäßige größere Öffnung am Scheitel *Fruchtmasse* ■ Fleisch fest, jung gräulich, beige, im Anschnitt bald violettschwarz und weißlich marmoriert, Sporenpulver olivschwarz *Geruch* ■ stechend metallisch

Einzelexemplare oder Gruppen dieses Bovists sind in Laub- und Nadelwäldern mit sauren Böden im Sommer und Herbst häufig zu finden. Oft stehen sie an moosigen Stellen oder auch auf moorigem Boden. Die Pilze sind giftig. Der Verzehr führt nach 30 Minuten bis mehreren Stunden zu Übelkeit, Erbrechen und Ohnmacht. Verwechslung mit anderen giftigen *Kartoffelbovisten* möglich oder ganz jung mit essbaren weißfleischigen Stäublingen und Bovisten.
Weiterer Name: Dickschaliger Kartoffelbovist

Judasohr

Auricularia auriculajudae

Diesen Pilz, der zur Familie der Gallertpilze gehört, kann man von Sommer bis Ende des Winters an abgestorbenen Laubholzstämmen, insbesondere Holunder, finden. Jung ist er ein Speisepilz, im Alter ist sein Fleisch zäh. Passt als Verfeinerung zu asiatischen Gerichten. Man kann ihn trocknen und kochen. In China und Japan wird dieser beliebte Pilz gezüchtet. Verwechslung mit ähnlichen Ohrlappenpilzen möglich.

Weiterer Name: Chinamorchel

Merkmale

Fruchtkörper ■ 3–6 cm breit, rot- bis oliv- oder dunkelbraun, ohrmuschelförmig, Haut an der Oberseite feinsamtig, an der Unter- (Innen-)seite glatt, geadert, glänzend, Sporenpulver weiß

Fleisch ■ dunkelbraun, dünn, gallertartig, elastisch, wird beim Eintrocknen hart, gewässert aber wieder weich

Geruch ■ unauffällig

Geschmack ■ mild

Aug
März

Gemeine Stinkmorchel

Phallus impudicus

Mai
Nov

Merkmale

Fruchtkörper ■ im Frühstadium 3–6 cm breite Knolle, das „Hexenei", halb aus der Erde ragend, weißliche, ledrige Außenhaut, darunter bräunliche Gallertschicht, die den fertig angelegten Fruchtkörper umschließt, bei Reife öffnet sich Außenhaut, weißer, poröser hohler Stiel wächst 10–20 cm hoch mit glockenförmigem Hut an der Spitze, überzogen mit übel riechendem Schleim, an dem olivgrüne Sporen haften, darunter wabenartig, weißlich
Fruchtmasse ■ Sporenpulver olivgrün
Geruch ■ reif verwesungsartig
Geschmack ■ Hexenei rettichartig

Auf sauren Böden in Laub- und Nadelwäldern oder in Parkanlagen wächst dieser Pilz, der mit den Morcheln nicht verwandt ist. Man findet ihn einzeln oder in Gruppen oft auf Holzresten. Er verströmt einen verwesungsartigen Geruch und ist ungenießbar. Das junge geschlossene, nach Rettich riechende „Hexenei" ist nach Entfernen der Gallerthülle roh oder gebraten essbar. Das Hexenei könnte mit sehr jungen Stäublingen oder dem giftigen *Grünen Knollenblätterpilz* verwechselt werden, der reife Pilz mit der Hundsrute.

Wiesenstaubbecher

Vascellum pratense

Ein Pilz, den der Sammler im Sommer und Herbst häufig an gedüngten, stickstoffreichen Standorten, beispielsweise auf Weiden, Wiesen, in Parkanlagen, an grasigen Straßenrändern antrifft. Der junge Pilz ist essbar, solange er innen weiß ist. Er ist würzig und eignet sich zum Braten. Verwechslungen der ganz jungen kugeligen Pilze mit dem giftigen *Fliegenpilz* sind möglich.

Weitere Namen: Wiesenstäubling, Niedergedrückter Stäubling

Merkmale

Fruchtkörper ■ 2–5 cm breit, weißlich, gelblich später helles Braun, birnenförmig, reif oben abgeflacht, sehr kurzer, plumper Stiel, Oberfläche mehlig, dicht stehende kleine Stacheln, bei Reife entweichen Sporen durch Öffnung am Scheitel

Fruchtmasse ■ jung weiß, dann bräunlich, Sporenpulver hellbraun

Geruch ■ würzig

Geschmack ■ würzig

Juni
Okt

Tintenfischpilz

Clathrus archeri

Merkmale

Fruchtkörper ■ jung ei- oder kugelförmig, weißlich, dann bräunlich, tief in der Erde sitzend, Oberfläche schuppig, reif platzt die Haut, blassroter Stiel wächst und teilt sich in 4–6 rote Arme mit dunkel olivgrünem, fleckigem Schleim, Sporenmasse olivbraun

Geruch ■ reif verwesungsartig

Juli
Okt

Im Sommer bis in den Herbst hinein findet man diesen auffälligen Pilz im Laub- und Nadelwald oder auf Weiden, Wiesen und in Parkanlagen. Meist tritt er in großer Zahl auf. Er ist ungenießbar. Dieser Pilz ist ursprünglich in Australien beheimatet, wurde jedoch vor Jahrzehnten nach Europa eingeschleppt und breitet sich seither auch hier aus. Eine Verwechslung des reifen Pilzes ist angesichts seines auffälligen Aussehens nicht möglich.

Anhang

Register

Lateinische Namen

Literatur

Dähncke, Rose Marie: 1200 Pilze, AT Verlag, Aarau/Schweiz, Weltbild, Augsburg 2004

Gerhard, Ewald: Pilze treffsicher bestimmen mit dem 3er-Check, BLV Verlagsgesellschaft mbH, München 2001

Gerhard, Ewald: Der große BLV Pilzführer für unterwegs, BLV Verlagsgesellschaft mbH, München 2001

Laux, Hans E.: Der große Kosmos Pilzführer. Alle Speisepilze mit ihren giftigen Doppelgängern, Franckh-Kosmos Verlags-GmbH & Co.KG, Stuttgart, 2001

Pätzold, Walter, Laux, Hans E.: 1mal1 des Pilzesammelns, Franckh-Kosmos Verlags-GmbH & Co.KG, Stuttgart, 2004

Laessoe, Thomas, Del Conte, Anna: Der neue BLV Pilzaltlas, BLV Verlagsgesellschaft mbH, München 2001